Raspberry Pi 入门

与

机器人实战

王进德◎著

北京大学出版社
PEKING UNIVERSITY PRESS

内 容 提 要

Raspberry Pi是一套价格低廉且高性能的计算机系统，大小就像信用卡一样，由于"迷你"，因此可用于任何你所能想到的地方。本书将介绍如何运用这台神奇的小型计算机来构建专属的开发环境，制作超酷的机器人，从项目设计与开发的过程中获得实操的乐趣。

本书内容的编排由浅入深，读者不需要有Raspberry Pi的基础，即可经由本书进入Raspberry Pi的世界。而关于机器人的制作方面，则是以常见的马达、驱动电路板及感测器来制作，如此可用最少的钱、最方便的方式来构建机器人。另外，本书特别强调机器人计算机视觉的应用，希望慢慢引导读者进入智能机器人的领域。

本书适用于本科生的微处理机、机电整合、专题制作等课程，不仅提供教师教学、学生研习之用，而且业余爱好者、专案设计者也适合阅读本书。

图书在版编目(CIP)数据

Raspberry Pi入门与机器人实战 / 王进德著.—北京：北京大学出版社，2018.7
ISBN 978-7-301-29526-7

Ⅰ.①R⋯ Ⅱ.①王⋯ Ⅲ.①Linux操作系统②机器人—制作 Ⅳ.①TP316.85②TP242

中国版本图书馆CIP数据核字(2018)第097520号

书　　　名	Raspberry Pi入门与机器人实战	
	RASPBERRY PI RUMEN YU JIQIREN SHIZHAN	
著作责任者	王进德　著	
责 任 编 辑	吴晓月	
标 准 书 号	ISBN 978-7-301-29526-7	
出 版 发 行	北京大学出版社	
地　　　址	北京市海淀区成府路205 号　100871	
网　　　址	http://www.pup.cn　新浪微博:@ 北京大学出版社	
电 子 信 箱	pup7@ pup.cn	
电　　　话	邮购部 62752015　发行部 62750672　编辑部 62570390	
印 刷 者	大厂回族自治县彩虹印刷有限公司	
经 销 者	新华书店	
	787毫米×1092毫米　16开本　15.75印张　320千字	
	2018年7月第1版　2018年7月第1次印刷	
印　　　数	1—4000册	
定　　　价	59.00 元	

前言 PREFACE

Raspberry Pi 是一套价格低廉且高性能的计算机系统，运用这台神奇的小型计算机来构建专属的开发环境，制作超酷的项目，并且从项目设计与开发的过程中获得实操的乐趣。当前坊间虽然已有很多有关此方面的书，但本书的内容与它们有些不同。在本书中，笔者针对 Raspberry Pi 与机器人的应用，挑选了几个最基础、最重要的主题，以深入浅出的方式把这几个主题交代清楚，让读者读完之后可以学以致用，从而制作出专属于自己的机器人项目。

本书特色

本书页数不多，但内容翔实，包含的主题从 Linux 系统管理、Python 程序设计、机器人制作项目至计算机视觉应用。阅读本书后，读者可以学到下列精彩内容。

- 构建 Raspberry Pi 3 开发环境
- Linux 基本系统管理
- Raspberry Pi 3 网络远程管理
- Python 基本程序设计
- Raspberry Pi GPIO 程序设计
- Raspberry Pi 摄影机程序设计
- Raspberry Pi 与 Arduino 整合应用
- 六轴机械手臂控制
- 四轴两足机器人控制
- 轮型机器人控制
- Python OpenCV 基本图像处理

- OpenCV 人脸辨识
- 机器人计算机视觉应用

本书读者对象

本书适用于本科生的微处理机、机电整合、专题制作等课程，不仅提供教师教学、学生研习之用，而且业余爱好者、项目设计者也很适合阅读本书。本书的内容以 Linux 操作系统及 Python 程序设计为主，而机器人的应用则以伺服马达控制及直流马达控制为主，并导入 OpenCV 计算机视觉的概念于机器人的设计应用中。本书内容浅显易懂、程序内容小而实用，阅读后可以充分理解程序设计的精髓。

如何阅读本书

本书内容的编排由浅入深，读者不需要有 Raspberry Pi 的基础，即可经由本书进入 Raspberry Pi 的世界，而在机器人的制作方面，则是以常见的马达、驱动电路板及感测器来制作，让读者可以用最少的钱、最方便的方式来构建机器人。另外，本书特别强调机器人计算机视觉的应用，希望慢慢引导读者进入智能机器人的领域。

另外，读者可以通过百度云链接 https://pan.baidu.com/s/1G7_zVZTcB8VF99MeG4Us0w（密码：pn5x）下载本书中的源代码文件，或者加入新技术图书群（群号：726877265），获取文件。

致谢

本书可以在最短的时间内出版，要感谢出版社编辑的全力帮助，在此谨致以最诚挚的谢意。同时也要将完成此书的喜悦献给我最亲爱的父母、我最心爱的老婆及我最疼爱的两个孩子。

虽然笔者怀抱着以最佳的书献给读者的心情来编写此书，但如果读者在阅读本书时发现任何疏漏之处，还请多加批评指正，笔者将不胜感激！

王进德

目 录
CONTENTS

第1章 Raspberry Pi开发板

第2章 Linux基本操作

第5章　Python GPIO控制

第6章　Python摄像头控制

第7章　伺服马达控制

第12章 Raspberry Pi与Arduino

第13章 OpenCV简介

第14章 OpenCV人脸辨识

第15章　机器人计算机视觉应用

第1章

Raspberry Pi 开发板

1.1 简介

Raspberry Pi 是一系列低成本、手掌大小的单板计算机，是由英国的 Raspberry Pi 基金会所开发出来的。该基金会以推广计算机科学基础教育为宗旨，虽以学校学生为主要对象，但推出后却广受好评，并广泛应用于各种领域，包含超级计算机的构建及高阶机器人的应用。

Raspberry Pi 3 为当前最新一代的 Raspberry Pi，其外观图如图 1-1 所示。它采用四内核 Broadcom BCM 2837 64 位 ARMv8 处理器，其处理器速度为 1.2GHz，自带 1GB SDRAM、Wi-Fi 芯片及蓝牙 BLE，是构建物联网的最佳方案。

图1-1 Raspberry Pi 3外观图

1.2 组装 Raspberry Pi

图 1-2 所示为一个组装后的 Raspberry Pi 系统。

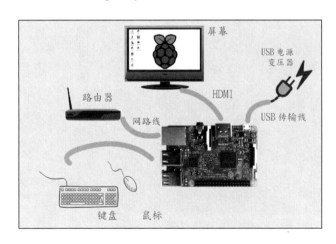

图1-2 组装后的Raspberry Pi系统

由图 1-2 可知，若要组成一个 Raspberry Pi 系统，需要以下组件。

（1）一个 Micro USB 电源模块，建议规格为 5V DC / 2A 以上。

（2）标准 USB 键盘及 USB 鼠标。

（3）一片 Micro SD 卡，至少需 4GB 以上。

（4）可以是 HDMI 屏幕，也可以是 VGA 屏幕。若是 VGA 屏幕，还需一条 HDMI 转 VGA 转接线，所以建议使用 HDMI 屏幕。

（5）屏幕连接线若采用 HDMI 屏幕，则需要一条 HDMI 连接线。

（6）Raspberry Pi 必须能上互联网，下载软件包才会方便。建议先将 Raspberry Pi 以无线网络线连接至家中的 Wi-Fi AP，或者准备一条网络线，连接至家中的路由器上。

（7）一台操作系统为 Windows、Linux、Mac OS 的计算机，具备互联网连接功能，且需一台 MicroSD 读卡器。

1.3　Raspbian 简介

Raspbian 是 Linux 发行版，基于 Debian 构建而成，所有软件包都特地为 Raspberry Pi 重编译。Raspberry Pi 基金会也提供 Raspbian 操作系统的镜像文件供用户使用，并且维护在线储藏库，含有额外的软件程序。Raspbian 的目标是提供易于操作的接口，第一次接触 Raspberry Pi 时，一般都会推荐使用 Raspbian 操作系统。

要安装 Raspbian 操作系统，可以到 Raspberry Pi 官网下载镜像文件，网址如下所示。

https://www.raspberrypi.org/downloads/raspbian/

进入网站后，可以看到图 1-3 所示的画面。

图1-3　下载Raspbian

单击【RASPBIAN JESSIE WITH PIXEL】下的【Download ZIP】按钮，即可下载镜像文件来安装 Raspbian，下载后解压文件，即可进行镜像文件的刻录。

1.4　在 Windows 上刻录镜像文件

下载完 Raspbian 镜像文件后，需要将其刻录至 SD 卡中。默认的 Raspbian 镜像文件只包含两个分割区：BOOT 及 SYSTEM，可以将其放至 4GB 的 SD 卡中，但建议使用 8GB 以上的 SD 卡比较安全，可以适用于大部分的应用开发。

1. 下载 Win32 Disk Imager

首先进入下列网址，下载及安装 Win32 Disk Imager 工具。

http://sourceforge.net/projects/win32diskimager/files/latest/download

2. 刻录镜像文件

运行 Win32 Disk Imager 工具程序，如图 1-4 所示，选择自己想刻录的镜像文件，本例选择下载的 Raspbian 镜像文件；从【Device】下拉菜单中，选择 SD 存储卡或读卡器的磁盘驱动器编号；单击【Write】按钮，即可开始将镜像文件刻录至 SD 卡中。完成后请退出存储卡。

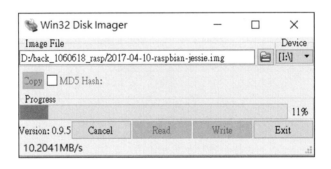

图1-4　Win32 Disk Imager运行画面

1.5　激活 Raspbian 操作系统

将 Raspbian 镜像文件写入 SD 存储卡后，再将 SD 卡插入 Raspberry Pi，连接键盘与鼠标，使用 HDMI 端口连接屏幕，然后打开电源，即可开始激活 Raspbian 操作系统。顺利引导后，会加载操作接口，如图 1–5 所示。

图1-5　激活Raspbian操作系统

1.6　Raspbian 环境设置

当 Raspberry Pi 安装好 Raspbian 操作系统后，必须进行一些设置才能让 Raspbian 操作系统发挥最好的性能。本节将说明如何在 Raspbian 操作系统中进行以下的环境设置。

1. 激活 configuration

要激活 Raspbian 的环境设置，可以执行【Menu】→【Preference】→【Raspberry Pi Configuration】命令，如图 1-6 所示。

图1-6　激活环境设置

激活后的画面如图 1-7 所示。

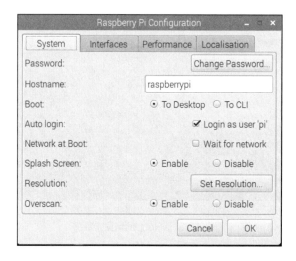

图1-7　Raspberry Pi Configuration

2. 改变时区

时区是地球上的本地使用同一个时刻定义。不同国家及地区必须使用不同的时区。要改变 Raspberry Pi 中时区的步骤如下。

第1步 单击【Localistion】标签，如图 1-8 所示。

第2步 再单击【Set TimeZone】按钮，即可设定时区。

第3步 设置【Area】为【Asia】，设置【Location】为【Shanghai】。

第4步 设置完成后，单击【OK】按钮。

图1-8 设置时区

3. 设置键盘

有没有注意到，Raspberry Pi 默认的键盘有点问题，用键盘输入时，一些常用的按键，如 "#" "~" "$" 都无法输入。请依下列步骤设置键盘。

第1步 单击【Localistion】标签。

第2步 再单击【Set Keyboard】按钮，即可设置键盘。

第3步 在【Country】列表框中选择【China】选项，在【Variant】列表框中选择【Chinese】选项，如图1-9所示。

第4步 设置完成后，单击【OK】按钮。

图1-9 设置键盘

1.7 图形化文件管理

在 Raspbian 操作系统中，若想要以图形化界面来管理文件系统，可以使用【File Manager】文件管理器。单击桌面左上方的【Menu】→【Accessories】→【File Manager】按钮，即可运行文件管理器，如图1-10所示。

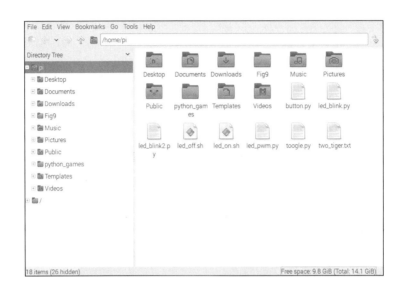

图1-10 文件管理器

打开后默认的目录是【/home/pi】，它是 pi 用户的家目录。文件管理器的操作与 Windows 文件管理器的操作类似。用户可以从目录中拖曳文件或目录至另一个目录，也可以右击目录，使用【Edit】菜单来【Copy】（复制）文件，并将其【Paste】（粘贴）至其他位置。

1.8 激活终端机

要激活终端机，可以单击【Raspberry Pi】桌面上方的终端机图标 ，或者单击桌面上方的【Menu / Accessories / Terminal】按钮。终端机打开后的画面如图 1-11 所示。

图1-11 打开终端机

用户可以在终端机中输入命令来操作 Raspbian 操作系统。若有需要，也可以同时打开多个终端机来管理 Raspbian 操作系统。

1. 激活环境设置

在 1.6 节中，用户激活 Configuration 组态图形化界面，来进行 Raspbian 的环境设置。也可以在终端机中输入【raspi-config】指令，来激活 Raspbian 环境设置。

```
$ sudo raspi-config
```

环境设置画面如图 1-12 所示。

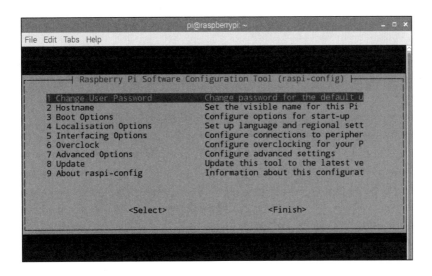

图1-12　Raspbian环境设置

用户可以在图 1-12 中，移动鼠标指针来设置选项。若要离开图 1-12 所示的画面，可以按【Tab】键，将鼠标指针移至【Finish】选项，再按【Enter】键，即可离开。

2. date 指令

用户可以在终端机中输入【date】指令，来显示当前的时刻及日期。

```
$ date
```

结果如图 1-13 所示。

图1-13　显示当前的时刻及日期

9

图 1-13 显示的是：2017 年 8 月 18 日，星期五，12:12:42。

3. cal 指令

用户可以在终端机中输入【cal】指令，来显示本月日历。

```
$ cal
```

结果如图 1-14 所示。

```
pi@raspberrypi:~ $ cal
    August 2017
Su Mo Tu We Th Fr Sa
       1  2  3  4  5
 6  7  8  9 10 11 12
13 14 15 16 17 18 19
20 21 22 23 24 25 26
27 28 29 30 31

pi@raspberrypi:~ $
```

图1-14　显示本月日历

4. df 指令

若想知道 Raspberry Pi 3 中的 SD 卡还有多少可使用空间，可以使用【df】指令。

```
$ df  -h
```

运行结果如图 1-15 所示。

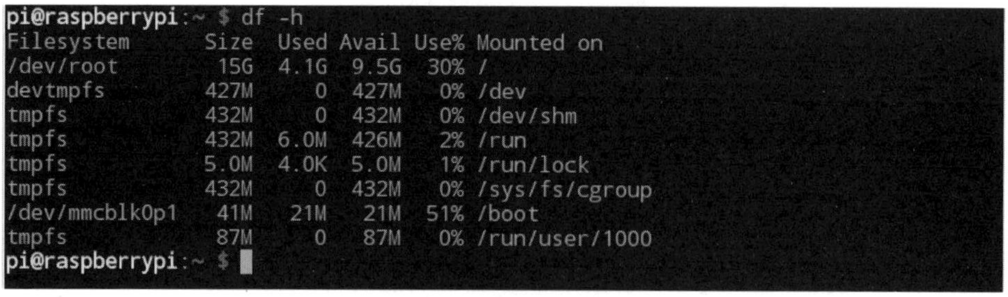

```
pi@raspberrypi:~ $ df -h
Filesystem      Size  Used Avail Use% Mounted on
/dev/root        15G  4.1G  9.5G  30% /
devtmpfs        427M     0  427M   0% /dev
tmpfs           432M     0  432M   0% /dev/shm
tmpfs           432M  6.0M  426M   2% /run
tmpfs           5.0M  4.0K  5.0M   1% /run/lock
tmpfs           432M     0  432M   0% /sys/fs/cgroup
/dev/mmcblk0p1   41M   21M   21M  51% /boot
tmpfs            87M     0   87M   0% /run/user/1000
pi@raspberrypi:~ $
```

图1-15　显示SD卡容量

由图 1-15 可知，SD 卡的容量为 16GB，使用约 4GB，还有约 12GB 空间可用。

5. free 指令

若用户想显示当前可用的内存总量，可以在终端机中输入【free】指令。

```
$ free
```

结果如图 1-16 所示。

图1-16　显示可用内存容量

由图 1-16 可知，Raspberry Pi 3 的内存容量为 882 772KB，用掉 441 616KB，还剩下 441 156KB 可用，其中，Swap 虚拟内存大小为 102 396KB。

6. exit 指令

若要关闭终端机窗口，可以输入【exit】指令。

```
$ exit
```

7. shutdown 指令

用户可以在终端机中输入【shutdown】指令来关机。若加上【-h now】选项，表明现在马上关机。

```
$ sudo  shutdown  -h  now
```

第 2 章

Linux 基本操作

2.1 简介

在第 1 章中，用户在 Raspberry Pi 3 中安装了 Raspbian 操作系统。Raspbian 是一套 Linux 操作系统，了解 Linux 操作系统的基本操作，将有助于用户管理 Raspberry Pi，所以在这个单元中要探讨 Linux 操作系统的一些基本观念，以及其相关的命令行操作。

2.2 Linux 文件系统

Linux 的文件系统采用"阶层式"的树形目录结构，在此结构中的最上层是根目录【/】，然后在此根目录下再创建其他的目录。当 Linux 文件系统安装完成时，系统便会帮用户创建一些默认的目录，每个目录都有其特殊的功能，其简介如表 2-1 所示。

表2-1 Linux文件系统默认目录的功能

目录名	说明
/	Linux文件系统的最上层根目录
/bin	保存用户可运行的指令程序
/boot	操作系统启动时所需的文件
/dev	接口设备文件目录
/etc	有关系统设置与管理的文件
/lib	必要的分享函数库及内核模块
/home	常规用户的主目录
/mnt	各项设备的文件系统挂载点
/root	管理员的主目录
/opt	额外的软件或套件
/sbin	必要的系统运行文件
/tmp	保存暂存文件的目录
/usr	保存用户使用的系统指令和应用程序等信息
/var	具变动性质的相关程序目录

文件取名

在 Linux 下如何为文件取名，Linux 的文件名最长可以达到 256 个字符，而这些字符可用
A ~ Z、0 ~ 9 或 – 等符号来取名。与 Windows 操作系统相比，Linux 的文件有一个最大的不同
点，那就是它没有扩展名的概念，所以，"sample.txt" 可能是一个运行程序，而 "sample.exe"
也有可能是一个文本文件。另外，在 Linux 中，文件名是区分大小写的，所以 "sample.txt" 和
"Sample.txt" 是不同的。

2.3 文件管理指令

在 Raspberry Pi 中，用户也可以使用命令行输入指令来管理 Raspberry Pi。要使用命令行，
首先要打开终端机。用户可以单击桌面上方的终端机图标，或者执行【Menu】→【Accessories】→
【Terminal】命令，来启动终端机。

1. cd: 改变工作目录

用户可以在终端机中输入【cd】指令，来改变工作目录。例如，用户可以使用【cd ~ 】指
令切换至家目录，而使用【pwd】指令可以用来查看当前的工作目录。

```
$ cd ~
$ pwd
/home/pi
```

若要回到上一级目录，可以使用【cd ..】指令。

```
$ cd ..
$ pwd
/home
```

使用【cd /】指令，可以回到根目录。

```
$ cd /
$ pwd
/
```

上述操作过程在终端机的画面如图 2-1 所示。

图2-1　使用【cd】及【pwd】指令

2. ls：查看文件及子目录

用户可以使用【ls】指令来查看当前目录下的所有文件及子目录。

```
$ cd /
$ ls
bin   dev   home   lost+found   mnt   proc   run   srv   tmp   var
boot  etc   lib    media              opt   root  sbin  sys   usr
```

使用【ls】指令时，可以加上【＊】通配符。例如，若用户想查看【/bin】目录下所有以 f 开头的文件及子目录，操作指令为：

```
$ cd  /bin
$ ls  f*
false  fbset  fgconsole  fgrep  findmnt  fuser  fusermount
```

使用【ls】指令，加上【-a】选项，表明查看当前目录下包含隐藏文件的所有文件及子目录。例如，用户想查看总目录时所有的文件及子目录，指令为：

```
$ cd ~
$ ls  -a
.
```

```
..
.WolframEngine
.Xauthority
.asoundrc
.bash_history
.bash_logout
.bashrc
.cache
.config
.dbus
.fontconfig
.gstreamer-0.10
.local
.mysql_history
.profile
.themes
.thumbnails
.xsession-errors
.xsession-errors.old
2016-06-10-044924_815x486_scrot.png
2016-06-10-051552_815x486_scrot.png
2016-06-10-051747_815x486_scrot.png
2016-06-10-051940_815x486_scrot.png
2016-06-10-052309_815x486_scrot.png
2016-06-10-052649_815x486_scrot.png
Desktop
Documents
Downloads
Music
Pictures
Public
Templates
Videos
fortune.txt
lsa.txt
python_games
```

3. cp: 复制文件

若要复制文件，可以使用【cp】指令。以下的示例，首先使用【>】指令，将 "hello" 字符串，存入 myfile.txt 文本文件中，接着利用【cp】指令，将 myfile.txt 复制成 myfile2.txt。

```
$ cd ~
$ echo "hello" > myfile.txt
$ ls myfile*
myfile.txt
$ cp myfile.txt myfile2.txt
$ ls myfile*
myfile.txt    myfile2.txt
```

上述指令的操作，在终端机的画面如图 2-2 所示。

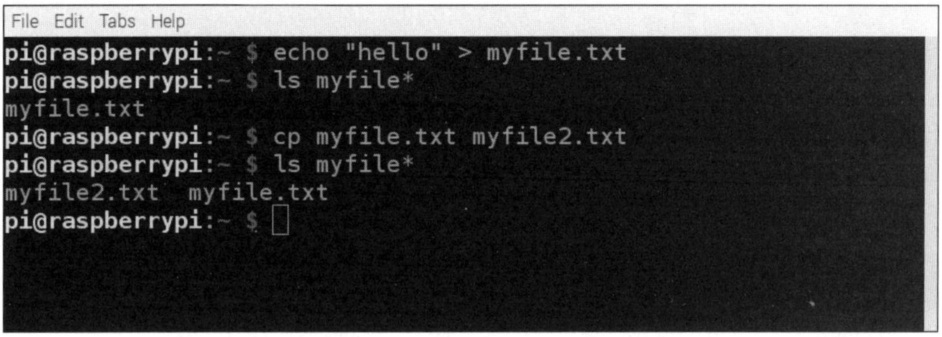

图2-2　使用【 > 】及【 cp 】指令

4. mv：搬移文件 / 为文件重取名

使用【 mv 】指令可以用来搬移文件或为文件重取名。例如，若用户想将 myfile.txt 文件重命名为 mytest.txt，指令为：

```
$ mv myfile.txt mytext.txt
```

5. rm：删除文件

使用【 rm 】指令可用来删除文件。例如，若用户想删除 mytest.txt 文件，指令为：

```
$ cd ~
$ rm mytest.txt
```

若要删除目录中的多个文件，可以使用【 * 】通配符。例如，若用户想删除文件中有【 .txt 】字符的所有文件，指令为：

```
$ rm *.txt
```

2.4　编辑文本文件

在 Raspberry Pi 中，若用户想在终端机中编辑文本文件，可以启动 nano 编辑器。启动方式是：在终端机中输入【nano】指令，后面再加上想编辑的文件名或文件路径。

例如，用户想编辑一个名为 myfile.txt 的文本文件：

```
$ sudo nano myfile.txt
```

启动后的画面如图 2-3 所示。

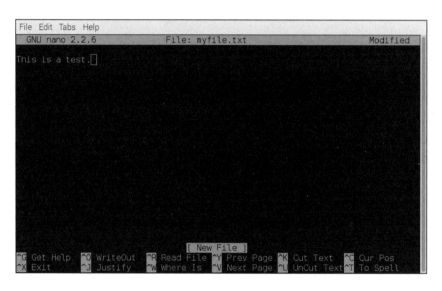

图2-3　nano编辑画面

编辑文本内容时，无法使用鼠标来移动光标，只能用键盘上的箭头键来移动。屏幕的下方列出了一些可使用的指令。要使用这些指令，首先要按住【Ctrl】键不放，再按下指示的字母即可。常用的指令说明如下。

Ctrl + X：离开，同时会提示用户离开前要存储文件，一般会按【Y】键来确认存储动作。

Ctrl + V：将光标移到下一页。

Ctrl + Y：将光标移到上一页。

Ctrl + W：让用户可以搜索文本内容。

现在，请输入一些文本内容，如：

```
This is a test.
```

输入完后，按【Ctrl + X】组合键，再按【Y】键和【Enter】键，就可以存储文件并离开 nano 编辑界面。

1. cat / more: 查看文本文件内容

在 Linux 操作系统中，若用户要在终端机中查看文本文件的内容，可以使用【 cat 】或【 more 】指令。其中【 cat 】指令会显示文本文件的所有内容，而【 more 】指令会先显示一页的内容，若有下一页的内容，可以按【 Space 】键继续。

```
$ more myfile.txt
This is a test.
```

2. 以【 > 】及【 echo 】指令来创建文本文件

如果只是一个内容很简单的文本文件，用户可以不用启动 nano 编辑器，直接使用【 > 】及【 echo 】指令，将命令行内容重新导至文件中。示例为：

```
$ echo "Hello World" > test.txt
$ more test.txt
Hello World
```

2.5　目录管理

1. mkdir: 创建目录

用户可以使用【 mkdir 】指令来新建目录。以下示例会新建一个名称为 my_dir 的目录。

```
$ cd ~
$ mkdir my_dir
$ cd my_dir
$ ls
```

2. rm: 删除目录

若要删除目录中的所有文件及其子目录中的内容，可以使用【 rm –r 】指令。

```
$ rm -r my_dir
```

上述的操作过程，在终端机的画面如图 2-4 所示。

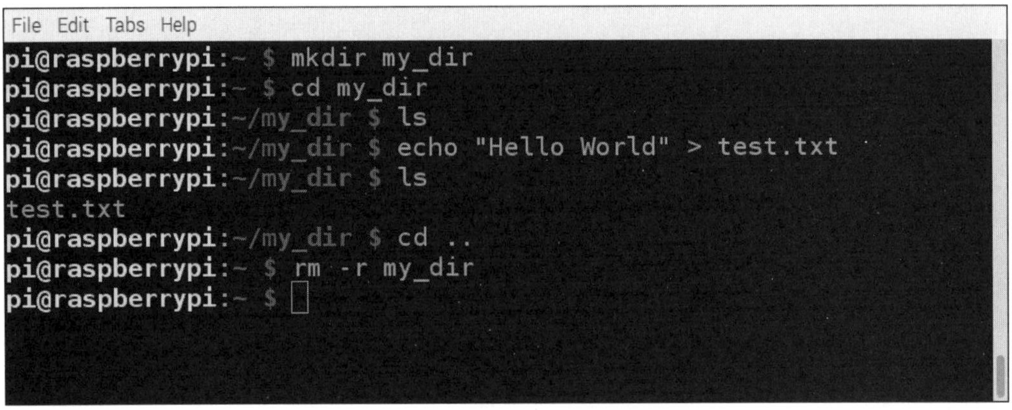

图2-4　创建及删除子目录

2.6　了解文件权限

在 Linux 系统中，每一个 Linux 文件都具有 4 种访问权限：可读取（r, Readable）、可写入（w, Writable）、可运行（x, eXecute）和无权限（−）。

管理者必须依据用户的需求，授予各个文件不同的权限。

1. 查看文件权限

用户可以利用 Linux 的【ls −l】指令来查看文件的详细清单，如图 2-5 所示。

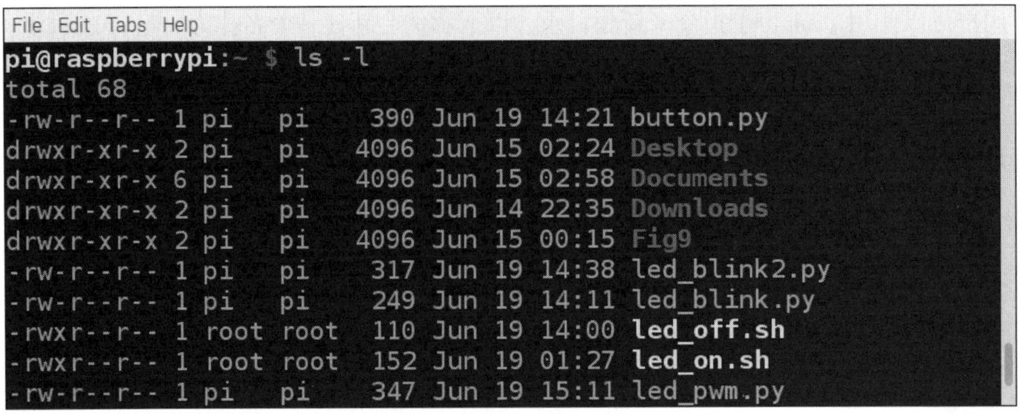

图2-5　查看文件权限

在图 2-5 中可以发现，运行【ls −l】指令后会列出 7 个字段，各个字段说明如表 2-2 所示。

表2-2　运行【ls‑1】指令后各个字段说明

字段	说明	示例
字段1	权限	–rw‑‑r‑‑r‑‑
字段2	文件数量	1
字段3	所有者	pi
字段4	群组	pi
字段5	文件大小	390
字段6	文件创建时刻	Jun 19 14:21
字段7	文件名	button.py

其中第一个字段代表文件的权限，此字段由 10 个字符组成，其格式如表 2-3 所示。

表2-3　【ls‑1】指令运行后第一字段各字符格式

字符	1	2	3	4	5	6	7	8	9	10
值	–	r	w	x	r	w	x	r	W	x
	所有者			群组			其他用户			

上述格式的意义如下。

（1）第 1 个字符表明文件的形态，【–】表明文件，【d】表明目录，【1】表明连接文件。

（2）字符 2、3、4 表明文件所有者的访问权限。

（3）字符 5、6、7 表明文件所有者所属群组成员的访问权限。

（4）字符 8、9、10 则用来表明其他用户的访问权限。

2. 示例

文件权限【–rwxr‑xr‑‑】的代表意义如下。

（1）这是一个文件。

（2）所有者具有读取、写入和运行的访问权限。

（3）群组具有读取、运行的访问权限。

（4）其他用户具有读取的权限。

3. chmod – 修改文件目录权限

在 Linux 中，用户可以使用【chmod】指令，配合数字法来修改访问权限。数字法的意义如下。

（1）读取【r】以 4 表明。

（2）写入【w】以 2 表明。

（3）运行【x】以 1 表明。

（4）没有授予的部分就以 0 表明。

4. 示例

使用【chmod】指令，配合数字来修改文件访问权限的示例如表 2–4 所示。

表2-4　配合数字修改文件访问权限

权限	转化	数字表明法
rwx–rw–r–x	（421）（420）（401）	765
rw–r––r––	（420）（400）（400）	644

所以若用户要将 test.txt 文件的访问权限设置为【–rw–r––r––】，其指令为：

```
$ chmod 664 test.txt
```

5. 使用文本更改权限

用户也可以在【chmod】指令中使用文本来更改文件的权限，它的一些使用示例说明如表 2–5 所示。

表2-5　使用文本来更改文件的权限

示例	说明
chmod u=rwx file1	file1文件的所有者权限为【rwx】
chmod g=rwx file1	file1文件的群组权限为【rwx】
chmod o=rwx file1	file1文件的其他用户权限为【rwx】
chmod u–x file1	删除file1文件所有者的【x】权限，【–x】的减号表示删除
chmod ug=rwx file1	同时将file1所有者及群组的权限设置为【rwx】
chmod ug+x file1	同时增加file1文件所有者及群组的【x】权限

6. chown：变更文件所有者与群组

在 Linux 中，若用户要变更文件的所有者与群组，可以使用【chown】指令。例如，若用户要将 myfile.txt 文件的所有者变更为【pi】，其指令为：

```
$ chown pi myfile.txt
```

若要将 myfile.txt 文件的所有者更改为【root】，但文件群组变更为【pi】，指令为：

```
$ chown  root:pi  myfile.txt
```

2.7　系统管理

1. sudo

当用户在终端机中输入指令时，有时会发现无法正常工作。例如，输入【apt-get update】指令安装套件时，会出现如图 2-6 所示的画面。apt（Advanced Package Tool）是一种工具，可用来安装或去除 Debian 系统中的软件，在 Raspberry Pi 中，也是使用 apt 工具来升级系统中的软件。

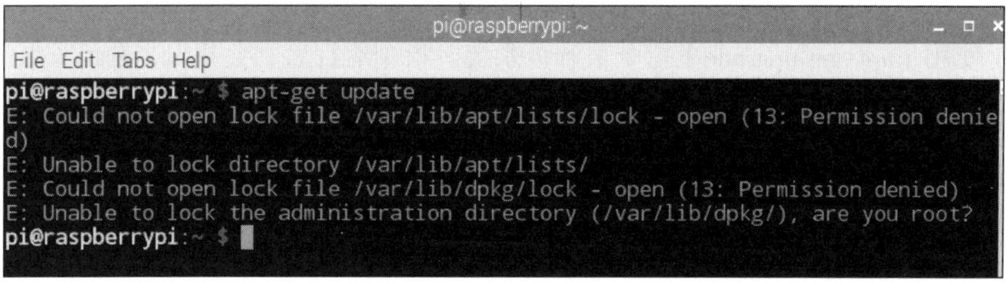

图2-6　要有超级用户root的权限才能运行指令

图 2-6 告诉用户，要有超级用户 root 的权限才行。此时只要使用【sudo】指令，就可以让用户具备超级用户权力来运行工作。

```
$ sudo  apt-get  update
```

2. passwd

Raspberry Pi 3 默认的用户账号是"pi"，密码是"raspberry"，若用户想改变密码，可以使用【passwd】指令。

```
$ passwd
Changing password for pi.
(current) UNIX password:
Enter new UNIX password:
Retype new UNIX password:
passwd: password updated successfully
```

运行【passwd】指令时，会提示用户输入当前密码，再输入新密码两次，即可改变密码。

2.8　升级操作系统

安装好 Raspberry Pi 的操作系统一段时间后，若用户想升级操作系统，可以使用【apt-get】指令。升级 Raspberry Pi 操作系统的步骤如下。

（1）确认用户的 Raspberry Pi 已连接上网络，有关 Raspberry Pi 连接上网络的相关介绍，可以查阅第 3 章。

（2）使用【apt-get update】指令来升级套件数据库。套件数据库是当前可用软件套件的数据库。

```
$ sudo  apt-get  update
```

（3）使用【apt-get upgrade】指令来升级系统。指令运行后，会找出当前已安装套件的最新版本，并下载套件，预配置及安装套件。

```
$ sudo  apt-get  upgrade
```

（4）若有需要，使用【rpi-update】指令来升级 Raspberry Pi 的固件。

```
$ sudo  rpi-update
```

（5）升级完成，需要重启系统，确保 Raspberry Pi 的操作系统使用最新的升级套件。

```
$ reboot
```

2.9　查找及安装软件套件

有时用户想在 Raspberry Pi 3 中加入软件套件。例如，有一套名称为"fortune"的软件，运行后会随机出现激励人心的消息，若用户想安装这个软件，可以先查找软件套件，再安装它。

要查找软件套件，首先升级软件套件数据库。

```
$ sudo  apt-get  update
```

1. apt-cache

接着可以使用【apt-cache】指令查找数据库中的软件套件。以下的示例将查找有 fortune 关键词的软件套件。

```
$ apt-cache  search  --names-only  fortune
```

运行后，会找到一些软件套件，如下所示。

```
fortune-mod - provides fortune cookies on demand
fortune-zh - Chinese Data files for fortune
fortunes - Data files containing fortune cookies
fortunes-bg - Bulgarian data files for fortune
fortunes-bofh-excuses - BOFH excuses for fortune
fortunes-br - Data files with fortune cookies in Portuguese
fortunes-cs - Czech and Slovak data files for fortune
fortunes-de - German data files for fortune
fortunes-debian-hints - Debian Hints for fortune
fortunes-eo - Collection of esperanto fortunes.
fortunes-eo-ascii - Collection of esperanto fortunes (ascii
encoding).
fortunes-eo-iso3 - Collection of esperanto fortunes (ISO3 encoding).
fortunes-es - Spanish fortune database
fortunes-es-off - Spanish fortune cookies (Offensive section)
fortunes-fr - French fortunes cookies
fortunes-ga - Irish (Gaelige) data files for fortune
fortunes-it - Data files containing Italian fortune cookies
fortunes-it-off - Data files containing Italian fortune cookies,
offensive section
fortunes-mario - Fortunes files from Mario
fortunes-min - Data files containing selected fortune cookies
fortunes-off - Data files containing offensive fortune cookies
fortunes-pl - Polish data files for fortune
fortunes-ru - Russian data files for fortune
libfortune-perl - Perl module to read fortune (strfile) databases
```

在以上程序中有【fortune – zh】套件，此套件中含有唐诗三百首。

2. apt-get install – 安装软件套件

若用户想安装【fortune – zh】软件套件，可使用【apt – get install】指令。

```
$ sudo  apt-get  install  -y  fortune-zh
```

安装好后，即可运行【fortune – zh】软件套件。

```
$ fortune-zh
```

运行后，可以随机显示唐诗，如图 2-7 所示。

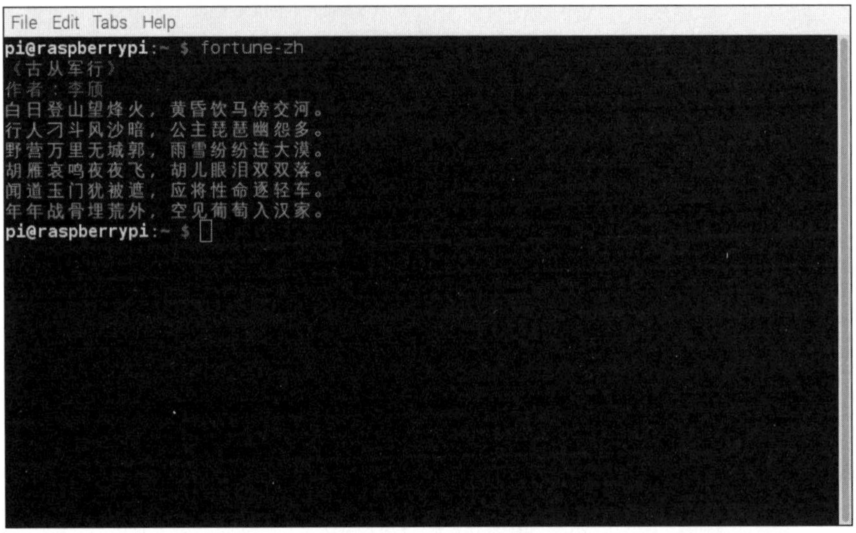

图2-7　运行fortune – zh软件套件

3. 去除已安装的软件

使用【apt – get】指令安装软件套件后，若用户想要去除软件套件，则可以使用【apt – get remove】指令。

```
$ sudo apt-get remove fortune - zh
```

上述指令运行后，即可去除 fortune-zh 软件套件的安装。

2.10　自动运行程序

若用户想在 Raspberry Pi 启动时自动运行程序，则可以修改【/etc/rc.local】文本文件。例如，假设用户有一个可运行文件 button.py，并希望在 Raspberry Pi 重启时可以自动运行这个文件，此时，可以使用 nano 编辑 rc.local 文件。

```
$ sudo nano /etc/rc.local
```

打开后，将下列指令加入第一个批注区块的后面。

```
/usr/bin/python  /home/pi/button.py  &
```

编辑后的画面如图 2-8 所示。

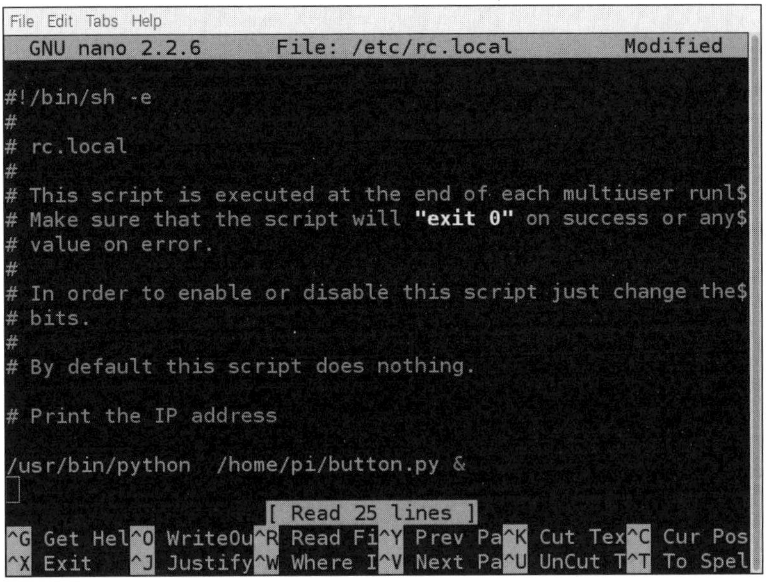

```
File Edit Tabs Help
  GNU nano 2.2.6       File: /etc/rc.local           Modified

#!/bin/sh -e
#
# rc.local
#
# This script is executed at the end of each multiuser runl$
# Make sure that the script will "exit 0" on success or any$
# value on error.
#
# In order to enable or disable this script just change the$
# bits.
#
# By default this script does nothing.

# Print the IP address

/usr/bin/python  /home/pi/button.py &

                    [ Read 25 lines ]
^G Get Hel^O WriteOu^R Read Fi^Y Prev Pa^K Cut Tex^C Cur Pos
^X Exit   ^J Justify^W Where I^V Next Pa^U UnCut T^T To Spel
```

图2-8　编辑【/etc/rc.local】文件后的画面

此时，Raspberyy Pi 3 重启，即会自动启动 Python，运行 my_program.py 程序。注意，指令的后面要加上【&】选项，表明以后台方式运行程序，否则 Raspberry Pi 将无法启动。

2.11　捕捉屏幕画面

若用户想捕捉 Rapsberry Pi 的屏幕画面，且将其存入文件中，可以使用 scrot 软件。首先使用【apt-get inatll】指令安装 scrot 套件。

```
$ sudo apt-get install scrot
```

安装好后，输入下列指令运行 scrot 套件。

```
$ scrot
```

运行后，即会捕捉一张画面，并在当前工作目录中，将其存入文件中。由于当前的工作目录为【/home/pi】，执行【Menu】→【Accessories】→【File Manager】命令，打开图形化文件

27

资源管理器，即可看到捕捉到的画面，如图 2-9 所示。

图2-9　图形化文件资源管理器查看捕捉的画面

scrot 软件会自动为捕捉到的画面给一个默认文件名，文件名格式为【系统时刻 _ 影像大小 _scrot.png】。例如，在图 2-9 中有一张图片文件，文件名为 2016-06-10-043012_1824x984_scrot.png。

1. 延时捕捉画面

若用户想先延时 5 秒再捕捉画面，指令为：

```
$ scrot -d 5
```

延时 5 秒，可以做一些事，如关闭不必要的窗口，打开想捕捉的程序画面等。

2. 以鼠标捕捉画面

若用户想捕捉以鼠标选中的画面，可以使用下列指令：

```
$ scrot -s
```

此时存储的文件名会包含捕捉画面的像素大小。

3. 查询相关指令

【scrot】指令有很多的选项可以用，有兴趣的读者可以使用【man】指令，查询【scrot】

指令的用法。

```
$ man  scrot
```

此时会显示【scrot】指令的用法，如图 2-10 所示。看完后，可以按【Q】键离开。

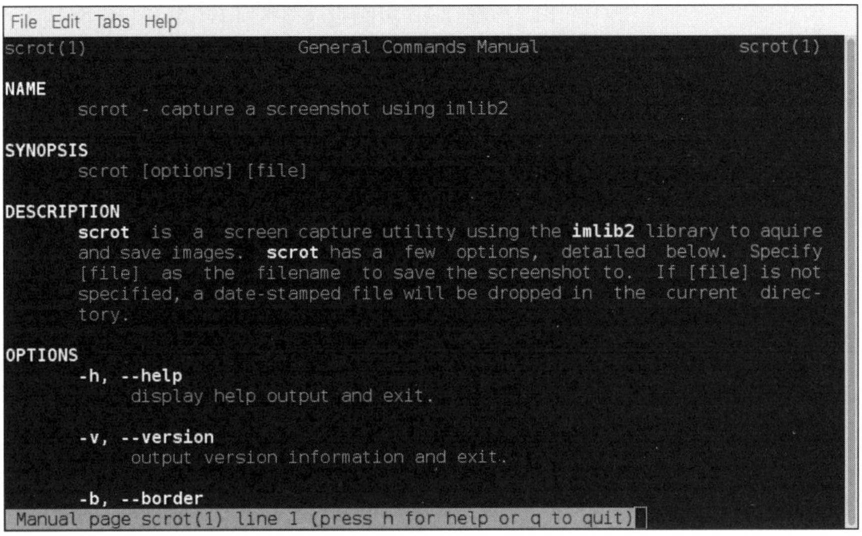

图2-10 查看【scrot】指令的用法

2.12 Shell Script 简介

1. Shell

Shell 是用户与 Linux 系统的界面，可以在这个接口上输入指令，让 Linux 操作系统去运行指令动作。Linux 标准的 Shell 为 BASH（Bourne Again SHell），其文件路径为【/bin/shell】。在 Linux 终端机中，可以使用下列指令来查询当前使用的 Shell。

```
# echo $SHELL
/bin/bash
```

2. Shell Script

Shell Script 是使用 Shell 所提供的语法所编写的 Script。Script 语言的特色是，编写成文本文件后，不需要事先编译，而是在运行时直接解译每一行的程序内容。

3. 编写 Shell Script

（1）输入下列指令，编写一个名称为 sh01 的 Shell Script。

```
$ nano  sh01
```

（2）输入 sh01 文件内容，编辑好后存储离开。

```
#!/bin/bash
#This Line is a comment
echo  -n  "Date:"
date
echo  -e  "File list: \n"
ls -l
```

输入完成后，按【Ctrl + X】组合键，再按【Y】键及【Enter】键，存储文件并离开 nano 编辑界面。

（3）修改 sh01 的文件权限，生成可运行的 Script。

```
# chmod  u+x  sh01
```

（4）运行 Script。

```
# ./sh01
```

运行后，即会在终端机画面上显示当前的系统时刻，以及显示当前目录下的文件列表。

4. sh01 文件说明

（1）#!/bin/bash：声明这个文件内的语法使用 BASH 语法。当程序被运行时，能够加载 BASH 的相关环境配置文件，并且运行 BASH 来使相关的指令能够运行。

（2）#（批注）：脚本中除 "#!" 外，以 "#" 开头的都是批注。

（3）echo −n 消息：显示消息时不换行。

（4）echo −e 消息：显示消息时使用转义字符（\n）。

第 3 章

Raspberry Pi
连接上网络

3.1 简介

Raspberry Pi 3 具备连接上互联网的能力，这是 Raspberry Pi 的主要特色之一，它开启了很多有用的用途，除可以使用 Raspberry Pi 进行家庭自动化、网络服务、网络侦听等外，还可以从另一台计算机远程连接至 Raspberry Pi，这样做的好处是可以在 Raspberry Pi 不连接键盘、鼠标及屏幕的情况下，远程遥控 Raspberry Pi。

3.2 以网络线连接上网络

用户可以将网络线插入 Raspberry Pi 的 RJ45 插槽，再将网络线的另一端插入家中的无线路由器，即可完成 Raspberry Pi 的网络连线。

若用户想得知 Raspberry Pi 的当前 IP 地址，可以打开终端机，使用【hostname】命令来查看 Raspberry Pi 当前的 IP。

```
$ hostname  -I
192.168.1.11
```

其中，【192.168.1.11】为笔者 Raspberry Pi 3 的 IP 地址。

3.3 配置静态 IP 地址

若要在 Raspberry Pi 中设置静态 IP 地址，用户需要编辑【/etc/network】目录下的【interfaces】配置文件，但在设置前需要知道用户网络的网关及网络屏蔽的设置。

1. route：查看网络网关及网络屏蔽

首先，用户可以使用【route】指令，查看 Raspberry Pi 的网络网关及网络屏蔽。

```
$ route  -n
```

运行后的结果如图 3-1 所示。

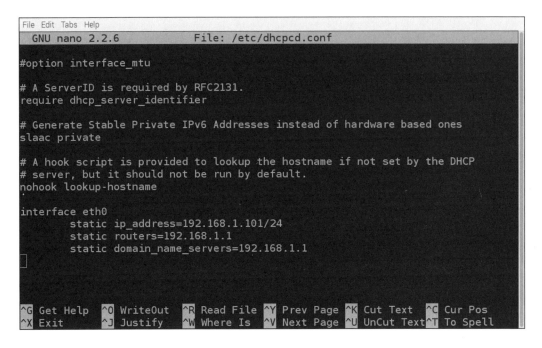

图3-1 查看网络网关及网络屏蔽

由图 3-1 中的【Gateway】字段可以看到网络网关是【192.168.1.1】，而由【Genmask】字段可以看到网络屏蔽是【255.255.255.0】。

2. 编辑 dhcpcd.conf 配置文件

假设用户想将 Raspberry Pi 的静态 IP 设置为【192.168.1.101】，需要变更【/etc/dhcpcd.conf】配置文件才行。下面以【nano】指令编辑 dhcpcd.conf 配置文件。

```
$ sudo nano /etc/dhcpcd.conf
```

打开 dhcpcd.conf 配置文件后，在文件内容的最下方输入静态 IP 地址相关设置，如图 3-2 所示。

图3-2 编辑dhcpcd.conf配置文件

在图 3-2 中可以注意下列内容：

```
interface eth0
    static ip_address=192.168.1.101/24
    static routers=192.168.1.1
    static domain_name_servers=192.168.1.1
```

其中：

```
static ip_address=192.168.1.101/24
```

即为指定 Raspberry Pi 的静态 IP 地址【192.168.1.101】，而【/24】则表明网络屏蔽为【255.255.255.0】。另外，图 3-2 中的下列设置：

```
static routers=192.168.1.1
static domain_name_servers=192.168.1.1
```

则为用户的网关地址。输入完成，即可存储及离开 nano 编辑器，并重启 Raspberry Pi。

```
$ reboot
```

重启后，即可完成静态网络 IP 地址的设置。用户可以使用【ipaddr】命令来查看【eth0】网络设置。

```
$ ip addr  show  eth0
```

运行结果如图 3-3 所示。

```
File Edit Tabs Help
pi@raspberrypi:~ $ ip addr show eth0
2: eth0: <BROADCAST,MULTICAST,UP,LOWER_UP> mtu 1500 qdisc pfifo_fast state UP gr
oup default qlen 1000
    link/ether b8:27:eb:d2:d0:4e brd ff:ff:ff:ff:ff:ff
    inet 192.168.1.101/24 brd 192.168.1.255 scope global eth0
       valid_lft forever preferred_lft forever
    inet6 fe80::ad2b:f42b:234:4cf3/64 scope link
       valid_lft forever preferred_lft forever
pi@raspberrypi:~ $ 
```

图3-3 查看【eth0】网络设置

在图 3-3 中可以注意到【inet 192.168.1.101/24】这一行消息，表明 Raspberry Pi 3 当前的 IP 地址为用户想设置的 IP 地址。

3.4　Wi-Fi 无线网络

1. 图形界面设置 Wi-Fi

由于 Raspberry Pi 3 已自带有无线网卡，因此可以直接进行无线网络的设置。若用户用的是 Raspberry Pi 2 或之前的版本，则需要购买 USB Wi-Fi 无线网卡，只有将其插入 Pi 的 USB 插槽，Raspberry Pi 才能具备无线上网的能力。

要设置 Wi-Fi 无线网络，可以使用图形界面来设置。将鼠标指针移至桌面上方的网络图标 ↑↓，单击此网络图标，会出现 Wi-Fi 网络列表，如图 3-4 所示。

图3-4　Wi-Fi网络列表

请选择可用的 Wi-Fi 网络，选择后，会提示用户输入 Wi-Fi 密码，如图 3-5 所示。

图3-5　输入Wi-Fi密码

输入完成，单击【OK】按钮，即会连接用户的无线路由器，联机成功后，可以看到标准的 Wi-Fi 符号，如图 3-6 所示。

图3-6　Wi-Fi联机成功

2. 终端机设置 Wi-Fi

用户也可以在终端机中设置 Wi-Fi。首先，使用【iwlist】命令，列出所有可用的 Wi-Fi 网络。

```
$ sudo iwlist wlan0 scan
```

运行结果如图 3-7 所示。

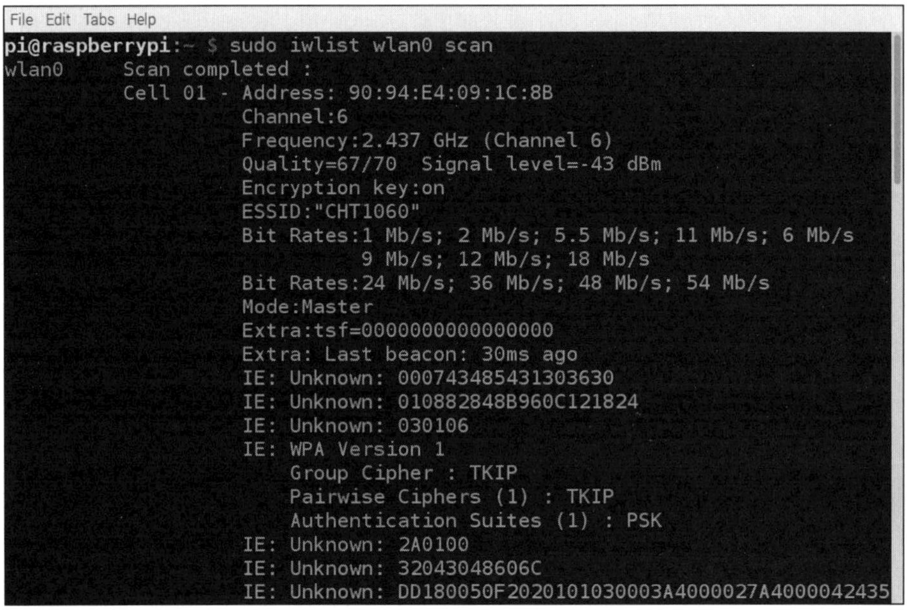

```
File Edit Tabs Help
pi@raspberrypi:~ $ sudo iwlist wlan0 scan
wlan0     Scan completed :
          Cell 01 - Address: 90:94:E4:09:1C:8B
                    Channel:6
                    Frequency:2.437 GHz (Channel 6)
                    Quality=67/70  Signal level=-43 dBm
                    Encryption key:on
                    ESSID:"CHT1060"
                    Bit Rates:1 Mb/s; 2 Mb/s; 5.5 Mb/s; 11 Mb/s; 6 Mb/s
                              9 Mb/s; 12 Mb/s; 18 Mb/s
                    Bit Rates:24 Mb/s; 36 Mb/s; 48 Mb/s; 54 Mb/s
                    Mode:Master
                    Extra:tsf=0000000000000000
                    Extra: Last beacon: 30ms ago
                    IE: Unknown: 000743485431303630
                    IE: Unknown: 010882848B960C121824
                    IE: Unknown: 030106
                    IE: WPA Version 1
                        Group Cipher : TKIP
                        Pairwise Ciphers (1) : TKIP
                        Authentication Suites (1) : PSK
                    IE: Unknown: 2A0100
                    IE: Unknown: 32043048606C
                    IE: Unknown: DD180050F2020101030003A4000027A4000042435
```

图3-7　列出可用的Wi-Fi

仔细查看图 3-7，由 ESSID 号找到自己的 Wi-Fi 网络，并查看授权方法，如【IE: WPA Version 1】。

接着编辑【wpa_supplicant】配置文件，新建 Wi-Fi 设置。

```
$ sudo  nano  /etc/wpa_supplicant/wpa_supplicant.conf
```

打开后，可以看到如下的内容。

```
network={
   ssid="SSID 号 "
   psk="PASSWORD"
   key_mgmt=WPA-PSK
}
```

其中，【ssid】字段输入可用的 Wi-Fi SSID 号，而【psk】字段则输入 Wi-Fi 的密码。存储及离开 nano 编辑器后，用户需要重启 Raspberry Pi，才能完成 Wi-Fi 无线网络的设置。

```
$ reboot
```

重启完成，可以使用【ip addr】命令，查看 Wi-Fi 的网络设置。

```
$ ip  addr  show  wlan0
```

运行结果如图 3-8 所示。

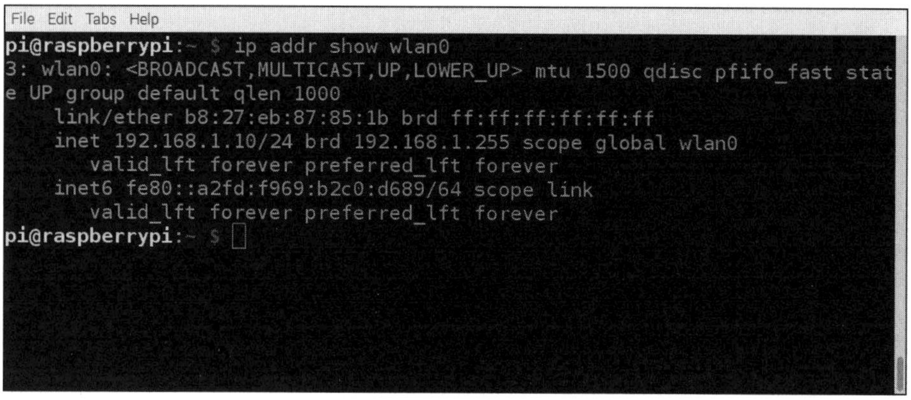

```
File  Edit  Tabs  Help
pi@raspberrypi:~ $ ip addr show wlan0
3: wlan0: <BROADCAST,MULTICAST,UP,LOWER_UP> mtu 1500 qdisc pfifo_fast stat
e UP group default qlen 1000
    link/ether b8:27:eb:87:85:1b brd ff:ff:ff:ff:ff:ff
    inet 192.168.1.10/24 brd 192.168.1.255 scope global wlan0
       valid_lft forever preferred_lft forever
    inet6 fe80::a2fd:f969:b2c0:d689/64 scope link
       valid_lft forever preferred_lft forever
pi@raspberrypi:~ $ 
```

图3-8　查看Wi-Fi的IP地址

可以看到 wlan0 设备的 inetaddr 字段有 IP 地址，Wi-Fi 网络连接成功。

3. 停止 Wi-Fi 网络

当用户成功以 Wi-Fi 联机后，若想停止联机，可以使用【ifdown】指令，如下所示。

```
$ sudo  ifdown  wlan0
```

4. 重启 Wi-Fi 网络

停止联机后，若用户又想恢复联机，则可以使用【ifup】指令，如下所示。

```
$ sudo  ifup  wlan0
```

3.5 SSH 简介

用户可以通过 SSH 技术，从另一台计算机远程连接到 Raspberry Pi。SSH 为 Secure Shell 的缩写，是一种创建在应用层和传输层基础上的安全协议。

1. 传统网络服务的缺点

传统的网络服务过程，如 FTP、POP 和 Telnet，其本质上都是不安全的。因为它们在网络上使用明文传送数据、用户账号和用户指令，很容易受到中间人（man-in-the-middle）攻击方式的攻击。就是存在另一个人或一台计算机冒充真正的服务器，接收用户传给服务器的数据，然后再冒充用户把数据传给真正的服务器。

2. SSH 安全协议

SSH 是专为远程登录和其他网络服务提供的安全性协议。利用 SSH 协议可以有效防止远程管理过程中的信息泄露问题。通过 SSH 不仅可以对所有传输的数据进行加密，还可以防止 DNS 欺骗和 IP 欺骗。

3.6 启用 Pi 的 SSH Server

要让另一台计算机可以通过 SSH 远程连接 Raspberry Pi，首先要启用 Raspberry Pi 的 SSH 功能。执行【menu】→【Preferences】→【Raspberry Pi Configuration】命令，打开【Raspberry Pi Configuration】界面，如图 3-9 所示。

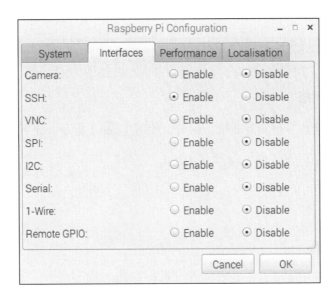

图3-9 启用SSH功能

打开【Raspberry Pi Configuration】界面后，单击【Interfaces】标签，选中【SSH】的【Enable】单选按钮，再单击【OK】按钮，即可完成启用 SSH 的功能。

用户也可以打开终端机，使用【raspi-config】指令来进行环境设置。

```
$ sudo  raspi-config
```

打开后，选择【Interfacing Options】→【SSH】，如图 3-10 所示。

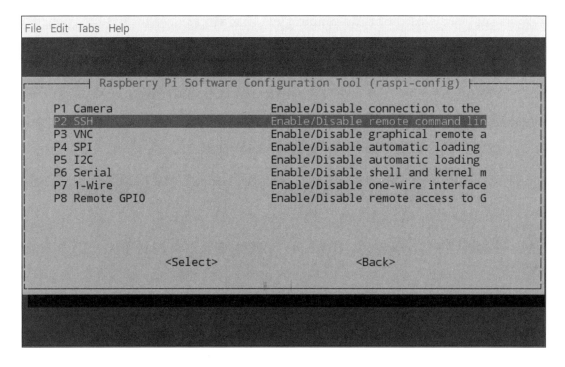

图3-10　终端机启用SSH功能

选取后，请选择【Yes】选项，再单击【OK】按钮，即可完成设置。

查看 Pi 的 IP 地址

启用 Pi 的 SSH 功能后，用户可以使用【hostname】命令，查看一下 Pi 当前的 IP 地址。

```
$ hostname -I
192.168.1.11
```

请记住这个 IP 地址，若想用另一台计算机远程连接 Raspberry Pi，会用到这个 IP 地址。

3.7　Linux 主机远程访问 Pi

若用户想用另一台 Linux 主机远程连接 Raspberry Pi，可以在另一台 Linux 主机中使用【ssh】命令，以【账号 @ 网络名称 .local】格式来进行远程连接。

```
$ ssh pi@raspberrypi.local
```

第一次远程连接 Raspberry Pi 时，Raspberry Pi 会分享它的指纹安全码。

```
The authenticity of host 'raspberrypi.local (192.168.1.11)' can't be
established.
RSA key fingerprint is f3:de:d3:58:eb:66:1e:23:2c:6e:cf:c9:12:0c:
e3:e2.
Are you sure you want to continue connecting (yes/no)? yes
```

此时，请输入【yes】命令进行连接。输入后系统会提示用户 Raspberry Pi 的指纹安全码已永久加入列表中。接着系统会提示用户输入 Raspberry Pi 的密码。

```
Warning: Permanently added 'raspberrypi.local' (RSA) to the list of
known hosts.
pi@raspberrypi.local's password:
```

然后输入默认密码【raspberry】，若输入后一切顺利，即可以在 Linux 主机中显示登录消息，如下所示。

```
The programs included with the Debian GNU/Linux system are free
software;
the exact distribution terms for each program are described in the
individual files in /usr/share/doc/*/copyright.
Debian GNU/Linux comes with ABSOLUTELY NO WARRANTY, to the extent
permitted by applicable law.
Last login: Mon Nov 23 00:43:40 2015 from fe80::12dd:b1ff:feee:
dfc6%eth0
pi@raspberrypi ~ $
```

登录成功后，出现终端机模式，此时即可使用指令远程操作 Raspberry Pi。操作完后，若要注销，可以使用【exit】指令。

```
pi@raspberrypi ~ $ exit
logout
Connection to raspberrypi.local closed.
```

1. 以 IP 地址远程 SSH 连接

在上述的操作过程中，用户以【sshpi@raspberrypi.local】指令来远程连接 Raspberry Pi。若用户已知 Raspberry Pi 的 IP 地址 (假设为 192.168.1.11)，也可以输入下列指令来进行远程 SSH 连接。

```
$ ssh pi@192.168.1.11
```

2. Raspberry Pi 升级操作系统

若 Raspberry Pi 有新的安装，会生成新的指纹安全码，此时，用户需要在 Linux 主机中去除计算机中旧的 Raspberry Pi 指纹安全码，指令如下。

```
$ ssh -keygen -R 192.168.1.11
```

3.8 Windows 主机远程连接 Pi

若要以另一台 Windows 主机 SSH 远程连接 Raspberry Pi，首先，用户可以下载【PuTTY.exe】，下载网址为：

http://www.putty.org

下载时可以选择【Alternative binary files】选项区域下的【putty.exe】选项，如图 3-11 所示。

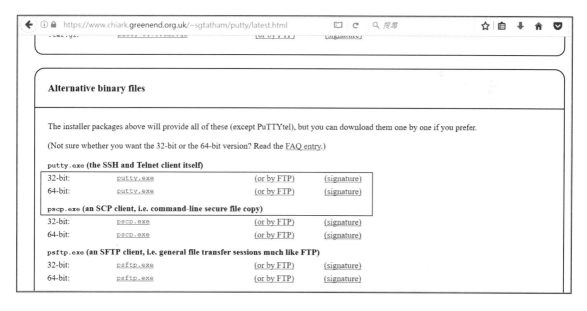

图3-11　下载PuTTY

下载后启动 PuTTY，出现如图 3-12 所示的画面。

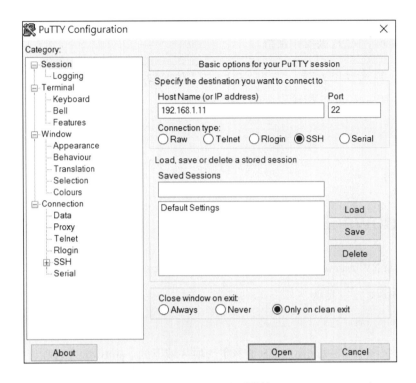

图3-12　PuTTY远程连接

　　下面输入 Raspberry Pi 的 IP 地址，Port 输入 22，单击【Open】按钮。第一次连接会提示用户是否要注册 Raspberry Pi 的指纹安全码，如图 3-13 所示，单击【是】按钮。

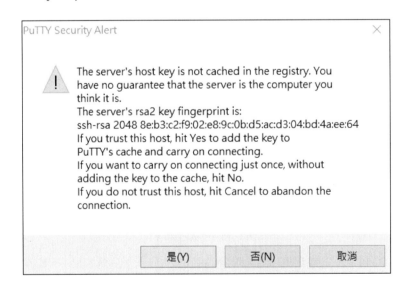

图3-13　注册Raspberry Pi的指纹安全码

　　接着即可输入 Raspberry Pi，如图 3-14 所示。下面输入用户名字（pi）和密码（raspberry）。

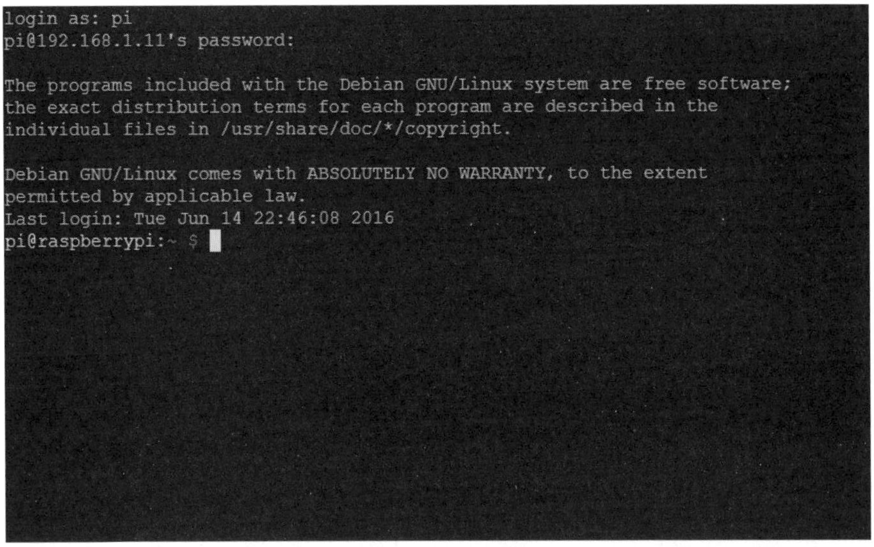

图3-14　SSH远程登录Pi

登录成功后即可使用【Linux】命令来管理 Raspberry Pi，如图 3-15 所示。

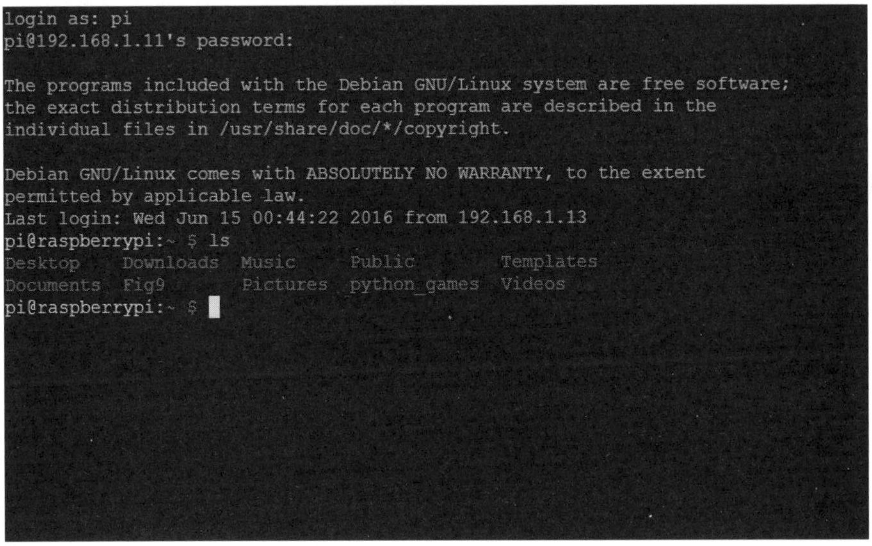

图3-15　远程管理Raspberry Pi

3.9　使用 SFTP 传送文件至 Pi

当用户启用 Raspberry Pi 中的 SSH 时，Raspberry Pi 就具有远程文件复制的功能，此功能称为 Secure File Transfer Protocol (SFTP)，它是 SSH 的标准之一，可用来传送文件至 Pi。现在用户想使用这个功能，让 Windows 主机与 Raspberry Pi 可以进行文件交换。

1. 查看 Pi 的 IP 地址

首先，用户先确认 Raspberry Pi 已启用 SSH，并查看一下 Raspberry Pi 的 IP 地址。

```
$ hostname -I
192.168.1.11
```

2. 下载 FileZilla Client

在 Windows 主机中安装 FileZilla 客户软件，下载网址为：

https://filezilla-project.org

进入网址后，选择【Download FileZilla Client】选项，即可进入下载页面，如图 3-16 所示。

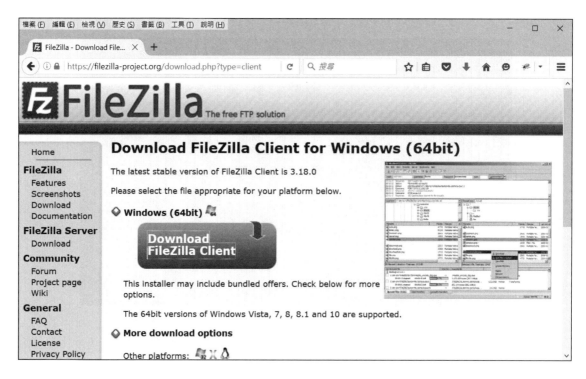

图3-16 下载FileZilla Client

下载安装好后，打开 FileZilla Client 软件，出现如图 3-17 所示的页面。

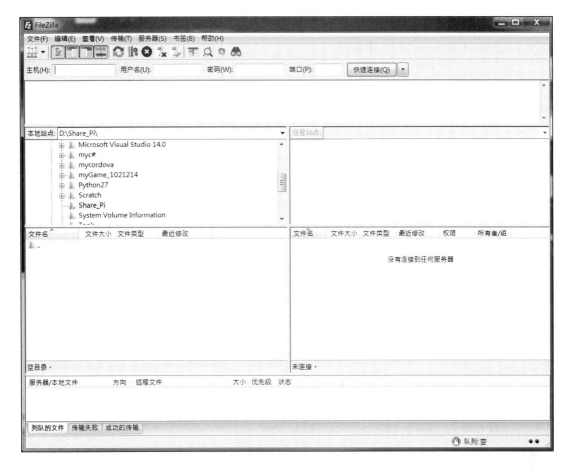

图3-17 打开FileZilla Client

执行【文件】→【站点管理器】命令，出现如图 3-18 所示的页面。

图3-18 【站点管理器】对话框

在图 3-18 中，单击【新站点】按钮，选择【常规】选项卡，输入下列信息。

（1）主机：Raspberry Pi 的 IP 地址。

（2）协议：选择【SFTP-SSH File Transfer Protocol】。

（3）登录类型：设置为【正常】。

（4）用户：设置为【pi】。

（5）密码：设置为【raspberry】。

输入完成后单击【连接】按钮，即会存储连接信息。第一次联机时会出现如图 3-19 的页面。

图3-19　加入主机密钥

选中【总是信任该主机，并将该密钥加入缓存】复选框，单击【确定】按钮后，会试着与
Raspberry Pi 进行 SFTP 连接。连接完成后会出现如图 3-20 的页面，此时即可通过 FileZilla 让
Windows 主机与 Raspberry Pi 进行文件的上传与下载。

图3-20　Windows主机与Pi进行文件交换

3.10　VNC 简介

用户可以通过 VNC 技术，从另一台计算机远程连接到 Raspberry Pi。VNC 与 SSH 这两种技术有一点不同，即使用 SSH 远程连接 Raspberry Pi，登录时是一个文本模式的终端机。若用户想从另一台计算机访问 Raspberry Pi 的图形桌面，则需要使用 VNC。下面将介绍 VNC 这种技术。

3.11　安装 VNC 服务器

若用户想要以全图形桌面方式从 PC 远程访问 Pi，可以使用 VNC(Virtual Network Connection)。首先要在 Raspberry Pi 中安装 VNC 服务器，然后选择安装【 tightvncserver 】软件套件，并输入下列指令。

```
$ sudo  apt-get  update
$ sudo  apt-get  install  tightvncserver  -y
```

安装完成后使用下列指令启动 VNC 服务器。

```
$ vncserver  :1
```

第一次运行时，会提示用户创建一个新密码，让其他设备要远程连接 Pi 时，可以输入这个密码来得到访问的权限，如图 3–21 所示。

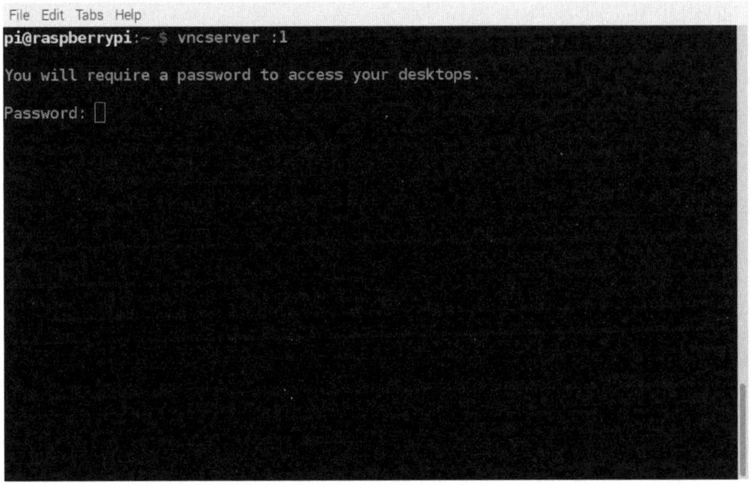

图3-21　安装VNC服务器时输入密码

输入两次密码。输入完成后，询问用户是否要输入 view-only（只授权查看的权限密码）。

```
Would you like to enter a view-only password (y/n) ?
```

在此输入【n】，输入后即完成 VNC 服务器的启动。

注意，当前的 VNC 服务器的运行只是一时的，若用户重启 Raspberry Pi 后，也要再运行【vncserver】指令，才能启动 VNC 服务器，如图 3-22 所示。

图3-22　启动VNC服务器

重置 VNC 服务器访问权限密码

日后若用户想变更 VNC 服务器的访问权限密码，可以使用【vncpasswd】指令。

```
$ vncpasswd
```

运行后的页面如图 3-23 所示。

图3-23　重置VNC服务器访问密码

输入两次新密码。输入完成后即可变更 VNC 服务器的访问权限密码。

3.12 下载 VNC Viewer

要在 PC 端远程连接 Pi，用户要在 PC 端安装 VNC 客户软件。RealVNC 是一套很受欢迎的软件，很适合用来连接 tightvnc 服务器。下载网址为：

https://www.realvnc.com/en/download/viewer/

下载页面如图 3-24 所示。

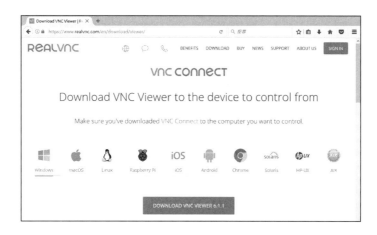

图3-24　下载VNC Viewer

下载完 VNC Viewer 运行过程程序后，此时会要求用户输入 Raspberry Pi 的 IP 地址，如图 3-25 所示。

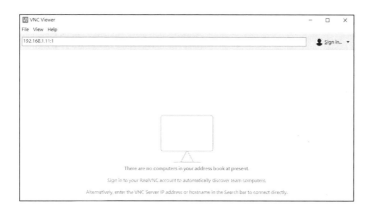

图3-25　启动VNC Viewer

然后输入【192.168.1.11】，表明想连接到显示编号1。接着会提示用户输入密码，如图 3-26 所示。

输入在安装 VNC 服务器时设置的密码。输入后，单击【OK】按钮，若一切顺利，即可远程连接至 Raspberry Pi，如图 3-27 所示。

图3-26　输入VNC服务器访问密码

图3-27　VNC远程连接至Rapsberry Pi

在图 3-27 中，出现【GDBus Error】的错误消息，可以先忽略这个错误，只要单击【OK】按钮，即可开始远程操控 Raspberry Pi，如图 3-28 所示。

图3-28　远程操控Raspberry Pi

3.13 自动运行 VNC 服务器

若用户希望在 Raspberry Pi 重启后，可以自动运行 VNC 服务器，可依下列步骤设置。首先，在【/home/pi/.config】目录下创建一个新目录，名称为 "autostart"。

```
$ cd  /home/pi
$ cd  .config
$ mkdir  autostart
```

接着，进入【autostart】目录，新建一个名称为 "tightvnc.desktop" 的文本文件。

```
$ cd  autostart
$ nano  tightvnc.desktop
```

打开 tightvnc.desktop 文件后，输入下列内容。

```
[Desktop Entry]
Type=Application
Name=TightVNC
Exec=vncserver :1
StartupNotify=false
```

输入完成后的页面如图 3-29 所示。

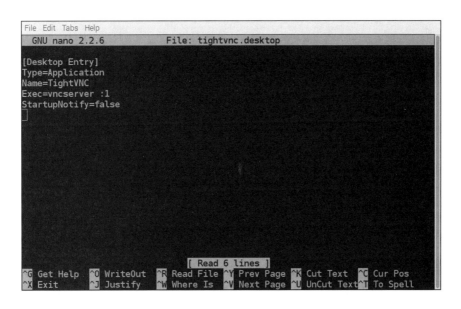

图3-29　编辑tightvnc.desktop文件

按【Ctrl + X】组合键后，再按【Y】键和【Enter】键，存储及离开 nano 编辑器，下次重启 Raspberry Pi 时，即可自动启动 VNC 服务器。

第**4**章

Python 基本语法

4.1　简介

虽然有很多的程序语言可以在 Raspberry Pi 中使用，但是最受欢迎的还是 Python 程序语言。Python 是一种面向对象、解释式的计算机程序语言，具有近二十年的发展历史。它包含了一组功能完备的标准库，能够轻松地完成很多常见的任务。

在 Raspberry Pi 中并存有两种版本的 Python 程序语言，版本 2 称为 Python 2，而版本 3 则称为 Python 3。由于 Python 3 不兼容于 Python 2，因此有一些用 Python 2 写的第三方函数库，将无法在 Python 3 中运行。

下面学习 Python 的基本语法，包括变量的定义、数值运算、如何处理字符串、如何使用控制叙述，并说明如何自定义函数。

4.2　启动 Python

若用户想在 Raspberry Pi 中启动 Python，可以打开终端机，接着再输入 Python，或者输入 Python 3 来启动 Python 命令提示符环境，如图 4-1 所示。

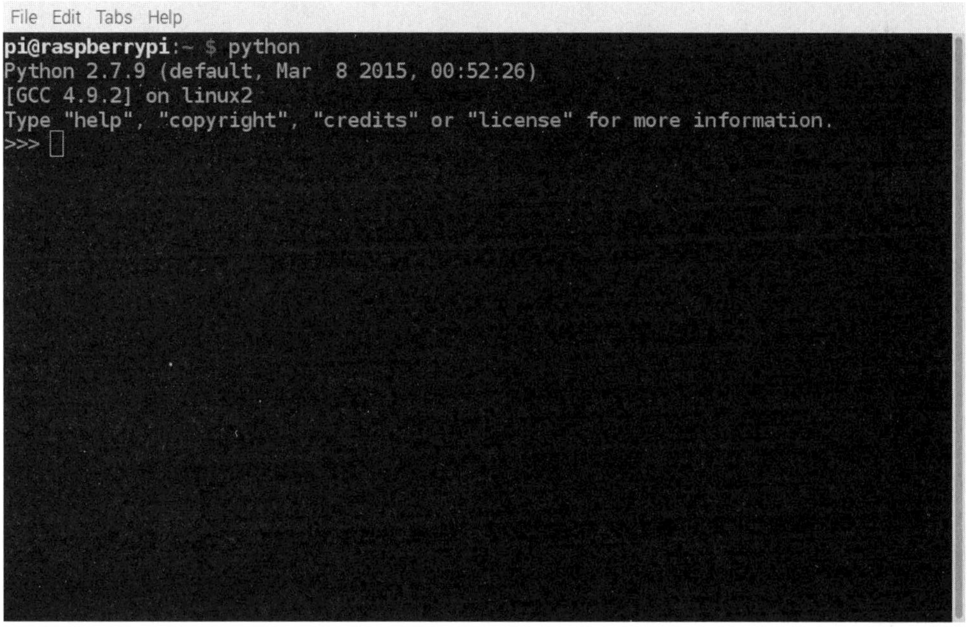

图4-1　在终端机中启动Python

在图 4-1 中，若用户想要显示【Hello World!】字符串，需要输入下列指令。

```
>>>print  "Hello Wrold!"
Hello World!
```

输入后，若按【Enter】键，可以实时得到输出结果，这是 Python 语言的解释器功能。

若要离开 Python 命令提示符环境，可以输入【exit( )】，或者按【Ctrl + D】组合键，如图 4-2 所示。

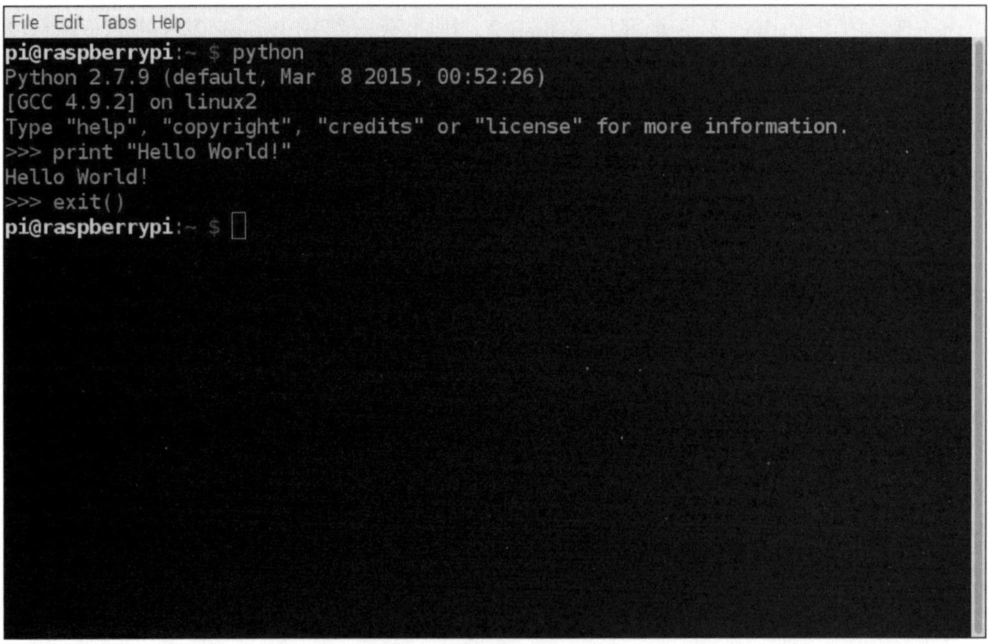

图4-2 离开Python命令提示符环境

4.3 Python 基础

1. 变量

在 Python 中，用户不需要声明变量的数据形态，只要直接给值即可。

```
a = 123
b = 12.34
c = "Hello"
d = 'Hello'
e = True
```

其中，变量【a】为整数，变量【b】为浮点数，变量【c】及【d】为字符串，用户可以使用单引号或双引号来定义字符串，而变量【e】为布尔。

2. print

若要显示输出，可以使用【print】指令。

```
>>> x = 10
>>>print(x)
10
```

3. input

另外，可以使用【input(Python 3)】或【raw_input(Python 2)】指令来获取用户输入的数据。

```
>>> x =raw_input("Enter value:")
Enter value:50
>>>print(x)
50
```

4. 算术运算符

用户可以在程序中使用 +、–、*、/ 等算术运算符，如下列程序，可将用户输入的摄氏温度转换为华氏温度。

```
>>>tempC = raw_input("Enter temp in C: ")
Enter temp in C: 20
>>>tempF = (int(tempC) * 9) / 5 + 32
>>>print(tempF)
68
```

在上述叙述中，由于 raw_input( ) 获取的值为字符串，因此在进行计算时，用户使用 int(tempC) 函数将字符串转换成数值，以利转换时的数值运算。

5. 转义字符

如同 C 语言一样，可以在定义字符串时加入转义字符，如【\t】表明 Tab，【\n】表明换行。

```
>>> s = "This\tis\na\ttest"
>>> print(s)
This    is
a       test
```

6. 字符串串接

若要进行字符串串接，可以使用 + 运算符。

```
>>> s1 = "abc"
>>> s2 = "def"
>>> s = s1 + s2
>>> print(s)
abcdef
```

7. 内部函数

str( ) 函数是个很有用的函数，可以用来将数值转换为字符串，方便用户在使用 print( ) 函数时进行字符串的串接。

```
>>>str(123)
'123'
```

另外，用户可以使用 int( ) 或 float( ) 函数将字符串转换为整数或浮点数，方便进行数值的运算。

```
>>>int("-123")
-123
>>>float("3.14159")
3.14159
```

int( ) 函数还有一种妙用，当用户输入字符串时，可以指定基数，如二进制或十六进制，int( ) 函数即会帮用户转换成正确的十进制数值。

```
>>>int("1010", 2)
10
>>>int("A0A0", 16)
41120
```

4.4　Python 字符串处理

1. len( )

在 Python 中，可以使用 len( ) 函数来获取字符串的长度。

```
>>>len("abcdef")
6
```

2. find( )

若要得知子字符串在某字符串中的位置，可以使用 find( ) 函数。

```
>>> s = "This is a test"
>>>s.find("test")
10
```

其中，【10】为子字符串的索引值，由 0 开始计数。

3. [:]

另外，若用户要取出某字符串的部分字符串，可以使用 [:] 符号。例如，若用户要检索字符串的第 2 至第 10 字符，叙述为：

```
>>>s
'This is a test'
>>>s[1:10]
'his is a '
```

其中，要注意的是，字符的位置是从 0 开始算起的，所以【s[1:10]】表明从第 2 个字符开始，但取出的字符不包含索引值 10 的字符。

4. replace( )

使用 replace( ) 函数可以让用户用某字符串，替换来源字符串中的某些字符。例如，下列程序在运行后，会将字符串中所有的【test】字符串以【book】字符串替换。

```
>>>s.replace("test", "book")
'This is a book'
```

5. upper( ) 及 lower( )

若用户需要将字符串转换成大写或小写，可以使用 upper( ) 函数及 lower( ) 函数。

```
>>>s.upper( )
'THIS IS A TEST'
>>>s.lower( )
'this is a test'
```

4.5 Python 控制叙述

1. if 条件叙述

如同 C 语言一样，Python 也有 if 叙述。

```
>>> x = 11
>>>if x > 10:
...    print("x is big")
...
x is big
```

在输入上述叙述时，要注意 if 条件式的后面有【:】号，且在输入 print 叙述前，要先按【Tab】
键，内缩 print 叙述，否则会有错误消息。

以下的示例，演示 Python 的 if – else 叙述。

```
>>> x = 10
>>>if x > 10:
...    print("x is big")
... else:
...    print("x is small")
...
x is small
```

以下的示例，则演示 Python 的 if – elif – else 叙述。

```
>>> x = 50
>>>if x > 100:
...    print("x is big")
... elif x < 10:
...    print("x is small")
... else:
...    print("x is middle")
...
x is middle
```

2. 关系运算符

使用 Python 的 if 叙述时，常会搭配关系运算符。Python 的关系运算符，如表 4-1 所示。

表4-1　Python运算符

运算符	说明
<	小于
>	大于
<=	小于等于
>=	大于等于
==	等于
!=	不等于

3. 逻辑运算符

Python 的逻辑算子为 and（且）、or（或）及 not（非）。

```
>>> x = 50
>>>if x >= 10 and x <= 100:
...     print('x is in the middle')
...
x is in the middle
```

4. for 循环叙述

Python 也有 for 叙述。例如，以下的示例将会重复运行 10 次。

```
>>>for i in range(10, 20, 5):
...   print(i)
...
10
15
```

其中，range(10,20,5) 表明从 10 开始，小于 20 退出，每次增加 5。

5. while 叙述

以下的示例，演示 Python 的 while 叙述。

```
>> x=10'
>>>while x < 30:
...     print(x)
...         x += 5
```

```
...
10
15
20
25
```

6. break 叙述

Python 的 break 叙述，可以用来离开 while 或 for 循环。

```
>>> x=10
>>>while x < 30:
...    if ( x == 20):
...          break
...    print(x)
...    x+=5
...
10
15
```

在输入上述程序时注意，输入 break 叙述前，要按两次【Tab】键，内缩两次。

4.6　自定义函数

1. def 叙述

以下示例示范如何在 Python 中自定义函数。其中，用户使用了 def 叙述自定义了一个名为"mycnt( )"的函数。

```
>>>def mycnt( ):
...    for i in range(10, 20, 5):
...        print(i)
...
>>>mycnt( )
10
15
```

2. 函数中的参数

稍加修改一下 mycnt( ) 函数，让函数含有一个参数。

```
>>>def mycnt(n):
…    for i in range(10, n, 5):
…        print(i)
…
>>>mycnt(30)
10
15
20
25
```

也可以让函数中的参数具有默认值。

```
>>>def mycnt(n=20):
…    for i in range(10, n, 5):
…        print(i)
…
>>>mycnt( )
10
15
```

3. 函数中包含多个参数

若用户的函数需要多个参数，若需从某数开始计数，再结束于某一数值，则可以在函数中加入两个参数。

```
>>>def mycnt(n1=10, n2=20):
…    for i in range(n1, n2, 5):
…            print(i)
…
>>mycnt( )
10
15
>>>mycnt(5)
5
10
15
>>>mycnt(5, 15)
5
10
```

4. 函数返回值

以上的示例都没有让函数返回值。如果想让函数返回某一数值，可以使用【return】命令。

```
>>>def mysum(n1, n2):
…    return n1 + n2
…
>>>print(sum(10,20))
30
```

4.7 List 列表

在 Python 中，List 是一群数据的集合，让用户可以用一个变量来掌握一系列的数据。例如，用户可以创建了一个名称为"a"的 List。

```
>>> a = ['A001', 'Tony', False, 170, 72.5]
```

列表变量【a】中有 5 个元素，分别表明"编号""姓名""性别""身高""体重"，而数据类型分别为"字符串""字符串""布尔""整数""浮点数"。

1. 访问 List 元素

以下的操作示范了如何访问 List 变量中的第 2 个元素，以及修改 List 变量中的第 2 个元素值。

```
>>>a[1]
'Tony'
>>>a[1] = 'John'
>>>a
['A001', 'John', False, 170, 72.5]
```

2. len( ) 函数

我们可以使用 len( ) 函数来获取 List 的长度。

```
>>>len(a)
5
```

3. 新建 List 元素

若用户要新建 List 的元素，可以使用 append( )、insert( ) 或 extend( ) 等函数。例如，用户可以使用 append( ) 函数将一个元素新建至 List 的最后面。

```
>>>a.append("new")
>>>a
['A001, 'John', False, 170, 72.5, 'new']
```

也可以使用 inset( ) 函数在指定位置新建 List 中的元素。

```
>>>a.insert(2, "new2")
>>>a
['A001, 'John', 'new2', False, 170, 72.5, 'new']
```

其中，insert( ) 函数中的第一个参数表明欲新建的索引值，由 0 开始计算，所以 2 表明第 3 个位置。

使用 extend( ) 函数，可以让用户将一个 List 中的所有元素，新建至另一个 List 的最后面。

```
>>> b = [18, 19]
>>>a.extend(b)
>>>a
['A001, 'John', 'new2', False, 170, 72.5, 'new', 18, 19]
```

4. 去除 List 元素

若要从 List 中去除元素，可以使用 pop( ) 函数。pop( ) 函数可以去除 List 中最后的元素。

```
>>>a.pop( )
19
>>>a
['A001, 'John', 'new2', False, 170, 72.5, 'new', 18]
```

pop( ) 函数中也可以加入一个参数，表明想去除项目的位置。例如，若用户想去除索引位置为 2 的元素，即【new2】元素，可以使用 a.pop(2) 函数。

```
>>>a.pop(2)
'new2'
>>>a
['A001, 'John', False, 170, 72.5, 'new', 18]
```

5. split( ) 函数

使用 split( ) 函数可以将字符串分割成 List 列表，List 中的每个元素为独立的元素。

```
>>> "This is a test".split( )
['This', 'is', 'a', 'test']
```

split( ) 函数中可以加入一个参数，表明分割的字符符号。例如，若用户希望以【 -- 】字符为依据来分割字符串。

```
>>> "This--is--a--test".split("--")
['This', 'is', 'a', 'test']
```

当用户读取文本文件时，若文本文件中的字符串，其分界字符为逗号，则可以使用 split(',') 函数来分割字符串。

```
>>> "This,is,a,test".split(",")
['This', 'is', 'a', 'test']
```

6. 循环访问 List

用户可以使用 for 指令来循环访问 List。

```
>>>a
['A001, 'John',  False, 170, 72.5, 'new', 18]
>>>for x in a:
...     print(x)
...
A001
John
False
170
72.5
new
18
```

在上述的程序中，记得在输入【 print(x) 】时，要先按【 Tab 】键，内缩叙述，否则会产生错误。

7. 枚举 List

若用户想循环访问 List，且得知每个项目的索引值，可以使用 enumerate( ) 函数来枚举 List。

```
>>>for (i, x) in enumerate(a):
...     print(i, x)
...
(0, 'A001')
(1, 'John')
(2, False)
(3, 170)
(4, 72.5)
(5, new)
(6, 18)
```

若不想使用 enumerate( ) 函数来枚举 List，也可以使用一个索引变量来累加索引值，并使用 [ ] 符号来访问 List 内容值。

```
>>>for i in range(len(a)):
...     print(i, a[i])
...
(0, 'A001')
(1, 'John')
(2, False)
(3, 170)
(4, 72.5)
(5, new)
(6, 18)
```

8. 排序 List

用户可以使用【sort】指令来排序 List 中的元素。

```
>>> b = ["this", "is", "a", "test"]
>>>b.sort( )
>>>b
['a', 'is', 'test', 'this']
```

排序后，原本 List 中的元素位置就改变了。若想保留原本的 List，则可以使用标准函数库中的 copy 函数来复制 List，再针对复制的 List 进行排序。

```
>>> import copy
>>> b = ["this", "is", "a", "test"]
>>> c = copy.copy(b)
>>>c.sort( )
>>>b
['this', 'is', 'a', 'test']
>>>c
['a', 'is', 'test', 'this']
```

9. 切割 List

若用户想获取 List 中部分元素的子 List，可以使用 [:] 运算符号。

```
>>>mystr = ["a", "b", "c", "d"]
>>>mystr[1:3]
['b', 'c']
```

其中，【[1:3]】表明从索引位置 1 至索引位置 2，值得注意的是，不包含 3，而索引位置由 0 开始。再看以下的示例。

```
>>>mystr[:3]
['a', 'b', 'c']
>>>mystr[3:]
['d']
```

其中，【[:3]】表明检索索引位置 0, 1, 2。而【[3:]】表明自索引位置 3 开始至最后。再看一个有趣的示例。

```
>>>mystr[-2:]
['c', 'd']
>>>mystr[:-2]
['a', 'b']
```

其中，负号表明索引位置由最后开始，所以，【[-2:]】表明从最后开始数，取出两个元素。而【[:-2]】表明从索引位置 0 开始，直到倒数第 2 个元素，所以结果为【['a', 'b']】。

10. 应用函数至 List

用户可以使用 upper( ) 函数，至 List 中的每个元素，将每个元素的字符改为大写。

```
>>> [x.upper( ) for x in mystr]
['A', 'B', 'C', 'D']
```

4.8 Dictionary 字典

用户可以使用 Dictionary 来查阅表格，其中表格中的每一列都具有键、值单元格。假设有一个表格如表 4-2 所示。

表4-2 Dictionary中的key键和value值

Key	value
Simon	10
John	20
Peter	30

要创建 Dictionary，可以使用 { } 符号。

```
>>>dic = {'Simon':10, 'John':20, 'Peter':30}
>>>dic
{'Simon': 10, 'John': 20, 'Peter': 30}
```

在上述指令中，key 键为字符串，value 值为数值。key 键与 value 值可以是任意数据形态。其中，value 值还可以是另一个 Dictionary 或 List。

```
>>> a = {'key1':'value1', 'key2':2}
>>>a
{'key2': 2, 'key1': 'value1'}
>>> b = {'key3':a}
>>>b
{'key3': {'key2': 2, 'key1': 'value1'}}
```

当显示 Dictionary 的内容时，有一点要注意的是，它的顺序不一定会与用户创建时的顺序相同。

1. 访问 Dictionary

用户可以使用 [ ] 符号来查找或改变 Dictionary 的键值对。

```
>>>dic
{'Simon':10, 'John':20, 'Peter':30}
>>>dic['Simon']
10
>>>dic['Peter']=50
>>>dic
{'Simon': 10, 'John': 20, 'Peter': 50}
```

2. 新建 Dictionary 中的键值对

若要新建 Dictionary 的键值对，只要加入新的键值对即可。

```
>>>dic['Mary'] = 100
>>>dic
{'Simon': 10, 'John': 20, 'Mary': 100, 'Peter': 50}
```

3. 去除 Dictionary 中的键值对

使用 pop 函数，可以让用户去除 Dictionary 中指定的项目。

```
>>>dic.pop('John')
20
>>>dic
{'Simon': 10, 'Mary': 100, 'Peter': 50}
```

4. 循环访问 Dictionary

用户可以使用 for 指令，来循环访问 Dictionary 的 key 键内容。

```
>>>for name in dic:
...     print(name)
...
Simon
Mary
Peter
```

在上述程序中，记得在输入【print(name)】时，要先按【Tab】键内缩 print 叙述，才不会出错。

若用户想同时循环访问键值对，程序为：

```
>>>for name, num in dic.items( ):
...     print(name + " " + str(num))
...
Simon 10
Mary 100
Peter 50
```

4.9　格式化数值

使用 format( ) 函数，可以格式化数值。

```
>>>pi = 3.14159
>>> "pi={:.2f}".format(pi)
'pi=3.14'
```

其中，【{:.2f}】表明要将数值格式化成小数两位。若写成【{:7.2f}】，表明数值的总长度为 7，且小数 2 位，如以下示例所示。

```
>>> "pi={:7.2f}".format(pi)
'pi=   3.14'
```

上述叙述运行时，数值前面会补空白，若希望补 0，叙述为：

```
>>> "pi={:07.2f}".format(pi)
'pi=0003.14'
```

摄氏温度转华氏温度,使用format( )函数,可以以很简洁的方式写出程序,如以下示例所示。

```
>>> c = 30.5
>>> "Temperature {:5.2f} deg C, {:5.2f} degF.".format(c,c *9/5+32)
'Temperature 30.50 deg C, 86.90 deg F.'
```

格式化日期及时刻

要格式化日期及时刻，可以使用一些特别的符号，如 %Y、%m 及 %d，分别表明年、月及日，而 %H、%M 及 %S，则分别表明时、分及秒。

```
>>>from datetime import datetime
>>>d = datetime.now( )
>>>d
datetime.dtatetime(2016,7,3,10,26,55,739789)
>>> "{:%Y/%m/%d %H:%M:%S}".format(d)
'2016/07/03 10:26:55'
```

4.10 返回多个数值

若用户希望写一个函数可以返回多个数值，此时可以使用 tuple 元组。tuple 也是 Python 的一种数据类型，有点像 List 列表，但 tuple 以小括号括住，而 List 以中括号括住。tuple 示例为：

```
>>>tuple_sample = ('apple', 5, 88)
>>>tupple_sample
('apple', 5, 88)
```

tuple 与 List 还有一点不同点是，List 列表可以修改，而 tuple 不能修改。tuple 的一个应用是，可用在函数中返回多个数值。例如，若用户写了一个函数，可以输入绝对温度，同时返回摄氏及华氏温度，示例为：

```
>>>def convert(kelvin):
...     celsius = kelvin - 273
...     fahrenheit = celsius * 9 / 5 + 32
...     return celsius, fahrenheit
...
>>>c, f =convert(340)
>>>c, f
(67, 152)
```

其中，celsius 及 fahrenheit 即为 tuple 数据形态。

4.11　使用模块

用户可以使用【import】指令导入 Python 模块。例如，若用户要导入 random 模块，叙述为：

```
>>>import random
>>>print(random.randint(1,6))
2
```

以这种方式导入 random 模块时，若用户要使用模块中的函数，都必须要使用【random.】当作函数的前缀。另外，若以下列叙述来导入 random 模块。

```
>>>from random import *
>>>print(randint(1,6))
1
```

此时，若用户要使用模块中的函数时，就不需要使用任何前缀了，可以直接调用函数名称即可。但函数名称有可能会与其他的模块产生重名冲突，比较好的方式是使用下列方法来导入 random 模块。

```
>>>from random import randint
>>>print(randint(1,6))
3
```

其中，用户指明只导入 random 模块中的 randint 函数。如此，在调用 randint( ) 函数时，不用加入任何前缀，虽然不能保证一定不会发生重名冲突，但因为只导入必需的函数，所以比较不会发生重名冲突。

另一种导入模块的方式是使用【as】关键词，给模块一个别名。

```
>>>import random as R
>>>print(R.randint(1, 6))
1
```

随机数

在上述叙述中，用户导入了 random 模块，此模块可用来生成某范围中的随机数，其中，randint(1,6) 会生成介于 1~6 的随机数。若用户想在一个 List 中随机选出一个元素，可以使用 random 模块的 choice( ) 函数。

```
>>>import random
>>>random.choice(['a', 'b', 'c'])
'c'
>>>random.choice(['a', 'b', 'c'])
'a'
```

4.12　在 Python 中运行 Linux 指令

用户可以使用【system】指令，在 Python 中运行 Linux 指令。

```
>>>import os
>>>os.system("ls  /home/pi")
```

若用户想在运行 Linux 指令时获取返回值。例如，用户希望运行 Linux 的 hostname 指令后获取 IP 地址，可以使用 subprocess 模块中的 check_output( ) 函数。

```
>>>import subprocess
>>>ip = subprocess.check_output(['hostname', '-I'])
>>>ip
'192.168.1.101 \n'
```

4.13　写入文件

若用户想将数据写入文件，可以使用 open、write 及 close 等函数，示例为：

```
>>> f = open('test.txt', 'w')
>>>f.write('This is a test.')
>>>f.close( )
```

其中，用户打开了一个名称为"test.txt"的文件，开文件模式为写入，并将【This is a test.】字符串写入文件中，最后进行文件的关闭。

open 函数是 Python 自带的函数，此函数接受两个参数，第 1 个参数指明文件的路径，而第 2 个参数需要指定文件的模式。可指定的文件模式如表 4-3 所示。

表4-3　可指定的文件模式

模式	描述
r	读取文件内容
w	清空文件再写入数据
a	将数据追加至原本内容最后面
b	二进制模式, 可擦写数据串流, 如图像文档
t	文本模式(默认)
+	表明 r + w的缩写, 可读可写模式

上述的模式在指定时可以使用"+"来组合。例如，若用户想以读取及二进制模式来打开文件，叙述为：

```
>>> f = open('test.txt', 'r+b')
```

4.14　读取文件

要读取文件内容，可使用 open、read 及 close 等函数。

```
>>> f = open('test.txt')
>>> s = f.read( )
>>>f.close( )
>>>s
'This is a test.'
```

其中，用户将读取到的所有文件内容存入变量 s 中。有一点要注意的是，以读取模式打开"不存在"的文件时，程序将会发生错误。

```
>>>open('null.txt', 'r')
Traceback (most recent call last):
  File "<stdin>", line 1, in <module>
FileNotFoundError: [Error 2] No such file or directiory: 'null.txt'
```

上述示例中，由于 null.txt 文件不存在，因此发生开文件错误的消息。此时，用户需要进行例外的处理，这将在 4.15 节进行讲述。

4.15　例外处理

当程序运行时发生错误，若用户想捕捉错误，并以较友善的方式来报错消息，可以使用 Python 的 try/except 叙述。例如，当用户访问一个 List 时，若索引值超出 List 的界限，此时便会发生运行错误。

```
>>>list = [1, 2, 3]
>>>list[4]
Traceback (most recent call last):
  File "<stdin>", line 1, in <module>
IndexError: list index out of range
```

其中，【IndexError: list index out of range】告诉发生错误的原因为索引值越界。

发生运行错误时，Python 会终止程序的运行。若用户不希望程序被终止运行，可以加入 try/except 叙述来捕捉错误，并以自定义的消息来报错误的原因，如以下示例所示。

```
>>>list = [1, 2, 3]
>>> try:
...     list[8]
... except Exception as e:
...     print("out of range")
...     print(e)
...
out of range
list index out of range
>>>
```

在上述示例中，【out of range】是用户自定义的错误消息，而【print(e)】表明印出 Python 提供的原始错误消息。另外，用户也可以加入 else 及 finally 叙述来捕捉错误。

```
>>>list = [1, 2, 3]
>>> try:
…      list[8]
… except:
…     print("out of range")
… else:
…     print("in range")
… finally:
…     print("always do this")
…
out of range
always do this
>>>
```

此时，若没有错误发生，else 下的叙述会被运行，且不管是否有错误发生，finally 下的叙述一定会被运行。

再举一个例子，用户在打开文件时，若希望打开文档有错误时可以显示【Cannot open the file】的错误消息，程序代码为：

```
>>> try:
…     f = open('null.txt')
…     s = f.read( )
…     f.close( )
… except IOError:
…     print("Cannot open the file")
…
Cannot open the file
>>>
```

其中，except IOError 叙述，表明用户要指定捕捉 IOError 的例外错误，此错误会在打开文件发生错误时产生。

第 5 章

Python GPIO 控制

5.1　简介

Raspberry Pi 3 是单板计算机，它提供了一组用来输出与输入用的引脚，称为 "General-Purpose Input/Output"(GPIO)。在本节中，用户要学习如何使用 Python 进行 GPIO 程序设计。图 5-1 所示为 Raspberry Pi 3 的外观图，其中的 40 个引脚，即是 Raspberry Pi 的 GPIO，用户可以使用这些引脚来进行硬件控制。

图5-1　Raspberry Pi 3外观图

如图 5-2 所示，图中显示了 Raspberry Pi 3 GPIO 每个引脚的名称及相关信息。

Raspberry Pi 3 GPIO Header

Pin#	NAME			NAME	Pin#
01	3.3V DC Power	◉	◉	DC Power 5V	02
03	GPIO02 (SDA1 , I²C)	◉	◉	DC Power 5V	04
05	GPIO03 (SCL1 , I²C)	◉	●	Ground	06
07	GPIO04 (GPIO_GCLK)	◉	◉	(TXD0) GPIO14	08
09	Ground	●	◉	(RXD0) GPIO15	10
11	GPIO17 (GPIO_GEN0)	◉	◉	(GPIO_GEN1) GPIO18	12
13	GPIO27 (GPIO_GEN2)	◉	●	Ground	14
15	GPIO22 (GPIO_GEN3)	◉	◉	(GPIO_GEN4) GPIO23	16
17	3.3V DC Power	◉	◉	(GPIO_GEN5) GPIO24	18
19	GPIO10 (SPI_MOSI)	●	◉	Ground	20
21	GPIO09 (SPI_MISO)	◉	◉	(GPIO_GEN6) GPIO25	22
23	GPIO11 (SPI_CLK)	◉	◉	(SPI_CE0_N) GPIO08	24
25	Ground	●	◉	(SPI_CE1_N) GPIO07	26
27	ID_SD (I²C ID EEPROM)	◉	◉	(I²C ID EEPROM) ID_SC	28
29	GPIO05	◉	●	Ground	30
31	GPIO06	◉	◉	GPIO12	32
33	GPIO13	◉	●	Ground	34
35	GPIO19	◉	◉	GPIO16	36
37	GPIO26	◉	◉	GPIO20	38
39	Ground	●	◉	GPIO21	40

Rev. 2
29/02/2016　　　　www.element14.com/RaspberryPi

图5-2　GPIO每个引脚名称及相关信息

1. GPIO 使用上注意事项

在使用 Raspberry Pi GPIO 进行硬件控制时，有以下一些要注意的地方。

（1）有电流输出的限制；每个引脚输出最大为 16mA，全部引脚同时最大输出为 50mA，所以通常会通过电流放大电路来驱动设备，建议不要直接驱动负载。

（2）GPIO 为 3.3V 标准电压，加上没有保护电路，所以不要输入 5V 电压到 GPIO 引脚上。

（3）GPIO 不是即插即用的界面；除了要非常小心避免电路接错外，在打开 Raspberry Pi 电源情况下，不要随意增加或修改 GPIO 的硬件电路。

2. 安装 GPIO 模块

Raspberry Pi 中的 Python 软件套件，已经为用户安装了 GPIO 模块。这个模块的名称为 "RPi.GPIO"。若用户要使用 Python 程序来控制 Raspberry Pi 的 GPIO，则需要这个模块。

用户可以打开终端机，使用下列指令来检查是否有安装好 RP.GPIO 模块。

```
$ python
>>>import RPi.GPIO as GPIO
>>>
```

若没有出现任何错误消息，即表明已安装好。若没有安装好，则需要以下列指令来安装 python-rpi.gpio 软件套件。

```
$ sudo apt-get update
$ sudo apt-get install python-rpi.gpio
```

5.2　点亮 LED

用户先练习如何使用 Python 命令提示符环境来点亮 LED。如图 5-3 所示，将 LED 的正端连接至 Raspberry Pi 3 的 GPIO04 脚位，LED 的负端连接至 Raspberry Pi 3 的 GND 脚位。

图5-3　Rapsberry Pi连接LED

首先，用户先导入 RPi.GPIO 模块。

```
$ python
>>>import RPi.GPIO as GPIO
```

接着执行下列指令，设置 GPIO 的寻址模式。

```
>>>GPIO.setmode(GPIO.BCM)
```

其中，GPIO.setmode( ) 函数可用来设置 GPIO 脚的寻址模式，也可以设为 BOARD 或 BCM。

（1）若是设为 BOARD，脚位是 Raspberry Pi 电路板上的 GPIO 编号。例如，名称为 "GPIO04" 的脚位，它在电路板上的编号是 7。

（2）若是设为 BCM，表明使用 Broadcom 固件编号。例如，名称为 "GPIO04" 的脚位，表明它的固件编号是 4。

由于用户采用 BCM 寻址模式，脚位 GPIO04 的编号是 4，因此可以执行下列指令将其设为输出方向。

```
>>>GPIO.setup(4, GPIO.OUT)
```

其中，GPIO.setup( ) 函数可用来配置指定脚位是输出或输入。

（1）GPIO.OUT 表明输出。

（2）GPIO.IN 表明输入。

要点亮 LED，指令为：

```
>>>GPIO.output(4, GPIO.HIGH)
```

其中，GPIO.output( ) 函数可用来设置指定脚位输出是 HIGH 或 LOW。

（1）GPIO.HIGH 表明输出 HIGH，GPIO.HIGH 也可以用 True 表明。

（2）GPIO.LOW 表明输出 LOW， GPIO.LOW 也可以用 False 表明。

而要熄灭 LED，指令为：

```
>>>GPIO.output(4, GPIO.LOW)
```

是不是可以看到 LED 的亮灭？测试成功后，则离开 Python 命令提示符环境。

```
>>>exit( )
$
```

5.3　LED 闪烁程序

了解如何在 Python 命令提示符环境中，以 Python 语法控制 LED 的亮灭后，现在来写一个 LED 闪烁的 Python 程序。

1. 启动 Python 2(IDLE)

Raspbian 操作系统含有 Python 开发工具与环境，此开发工具有 Python 2 及 Python 3 两种版本。启动方法是执行【 Menu 】→【 programming 】→【 Python 2(IDLE) 】命令，如图 5-4 所示。

图5-4　启动Python开发环境

启动后会出现 Python 命令提示符环境，如图 5-5 所示。

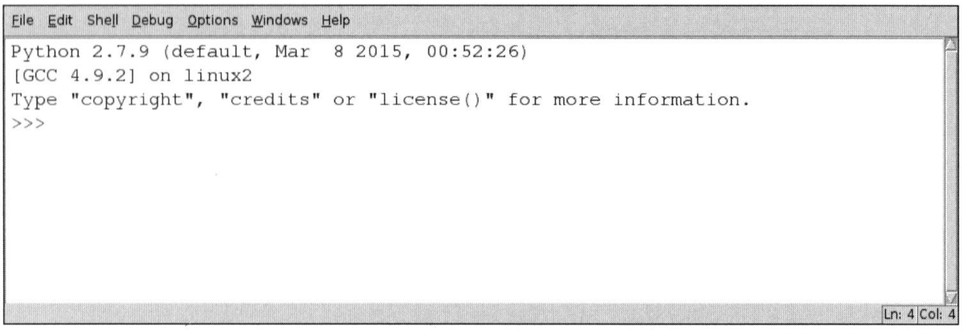

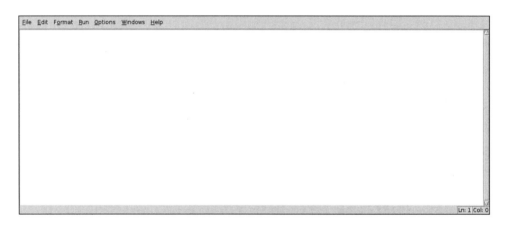

图5-5　Python命令提示符环境

在图 5-5 中，执行【File】→【New File】命令，此时会出现一个程序编辑窗口，可以开始编辑一个新的 Python 程序，如图 5-6 所示。

图5-6　程序编辑窗口

2. Python 程序: led_blink.py

接着在图 5-6 的程序编辑窗口中，输入下列程序：

```
importRPi.GPIO as GPIO
import time

GPIO.setmode(GPIO.BCM)
GPIO.setup(4, GPIO.OUT)

# 自定 LED 闪烁函数
def Blink(speed):
```

```
    GPIO.output(4, True)  # LED on
    time.sleep(speed)
    GPIO.output(4, False)  # LED off
    time.sleep(speed)

while True:
    Blink(1)  # 闪烁 1 秒
```

其中，time.sleep( ) 函数可用来让 Raspberyy Pi 进入休眠，单位是秒。

输入完成，执行【File】→【Save】命令，将程序存盘，文件命名为 "led_blink.py"。

3. 运行程序

在图 5-6 的程序编辑窗口中，按【F5】键，或者执行【Run】→【Run Module】命令，就可以运行程序。

运行程序的另一种方式是打开终端机，以下列指令运行程序。

```
$ python  led_blink.py
```

运行后，即可看到连接在 Raspberry Pi 上的 LED 在闪烁，闪烁时刻为 1 秒。若要离开程序，请按【Ctrl + C】组合键。

4. 在安全状态下离开程序

在 led_blink.py 程序中，用户是以按【Ctrl+C】组合键的方式来离开程序的，但这种方式有一个缺点，那就是用户的 GPIO04 引脚还是处于输出模式，此引脚若不小心被短接，有可能会损坏 Raspberry Pi。

一个比较好的方式是，在离开程序时，将所有引脚设为输入模式，这样会比较安全。用户可以使用 try : finally 叙述，配合 GPIO.cleanup( ) 函数，将所有引脚设为输入模式。

5. Python 程序: led_blink2.py

修改 led_blink.py 程序的内容，在离开程序时，将所有引脚设为输入模式，程序内容为：

```
importRPi.GPIO as GPIO
import time

GPIO.setmode(GPIO.BCM)
GPIO.setup(4, GPIO.OUT)

def Blink(speed):
```

```
        GPIO.output(4, True)
        time.sleep(speed)
        GPIO.output(4, False)
        time.sleep(speed)

try:
        while True:
                Blink(1)
finally:
        GPIO.cleanup( )   # 将所有引脚设为输入
        print("Cleaning Up!")
```

输入完成，执行【File】→【Save】命令，将程序存盘，文件命名为"led_blink2.py"。

6. 运行结果

打开终端机，以下列指令运行程序。

```
$ python led_blink2.py
```

运行后，即可看到连接在 Raspberry Pi 上的 LED 在闪烁。若要离开程序，按【Ctrl + C】组合键。程序在离开前，会调用 GPIO.cleanup( ) 方法，将所有 GPIO 引脚重置为输入模式，并会印出【Cleaning Up!】消息。

5.4　控制 LED 的亮度

1. GPIO.PWM( )

若用户想控制 LED 的亮度，可以使用 RPi.GPIO 模块中的 GPIO.PWM( ) 函数。此函数的格式为：

```
GPIO.PWM(channel, frequency)
```

（1）channel : 引脚号码，Raspberry Pi 的硬件 PWM 引脚为 GPIO18，其他引脚为软件 PWM。

（2）frequency : PWM 频率，单位是 Hz。

2. GPIO.start( )

设置好 Raspberry Pi 的 PWM 引脚及频率后，接着可以使用 GPIO.start( ) 函数来启动 PWM。

```
GPIO.start(dc)
```

dc：工作周期 (duty cycle)，范围为 0.0~100.0，表明 HIGH 电压在这个频率中所占的百分比。数值越大，表明平均输出电压越高。

3. 实时变更 PWM 的频率

在程序运行时，若要实时变更 PWM 的频率，可使用下列函数。

```
GPIO.ChangeFrequency(frequency)
```

frequency：PWM 频率，单位是 Hz。

4. 实时变更 PWM 的工作周期

在程序运行时，若要实时变更 PWM 的工作周期，可使用下列函数。

```
GPIO.ChangeDutyCycle(dc)
```

dc：工作周期 (duty cycle)，范围为 0.0~100.0，表明 HIGH 电压在这个频率中所占的百分比。数值越大，表明平均输出电压越高。

5. Python 程序：led_pwm.py

现在让用户编写一个 Python 程序，可以使用 GPIO.PWM( ) 函数来控制 LED 的亮度，用户希望 LED 可以由暗慢慢变亮，程序内容为：

```
importRPi.GPIO as GPIO
import time

led_pin=4
GPIO.setmode(GPIO.BCM)
GPIO.setup(led_pin,GPIO.OUT)

pwm_led=GPIO.PWM(led_pin, 500)  # PWM 设置，500Hz 频率
pwm_led.start(0)  # 启动 PWM，工作周期为 0

try:
    while True:
      for dc in range(5, 101, 5):
          pwm_led.ChangeDutyCycle(dc)  # 变更工作周期，升序 dc 值
          time.sleep(0.5)  # 0.5 秒
```

```
finally:
    print('CleanUp!')
    GPIO.cleanup();
```

输入完成，将其存储为"led_pwm.py"。

6. 运行结果

打开终端机，以下列指令运行程序。

```
$ python led_pwm.py
```

运行后，即可看到连接在 Raspberry Pi 上的 LED 会慢慢由暗变亮。若要离开程序，按【Ctrl+C】组合键，程序在离开前，会调用 GPIO.cleanup() 方法，将所有 GPIO 引脚重置为输入模式。

5.5　连接按钮开关

将按钮开关的一个引脚连接至 Raspberry Pi 的 GPIO18 脚位，另一个引脚连接至 GND，如图 5-7 所示。

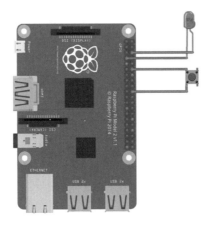

图5-7　Raspberry Pi连接LED及按钮开关

1. Python 程序：button.py

练习编写 Python 程序，当用户按下按钮时，LED 会亮，而当放开按钮时，LED 会熄灭。启动 Python 2 IDLE，输入下列程序。

```
importRPi.GPIO as GPIO
import time

GPIO.setmode(GPIO.BCM)

# GPIO18 为输入，GPIO4 为输出
GPIO.setup(18, GPIO.IN, pull_up_down = GPIO.PUD_UP)
GPIO.setup(4, GPIO.OUT)

while True:
    input_state = GPIO.input(18)   # 获取 GPIO18 状态值

    if (input_state == False):
    # 若按下按钮
        print('Button Pressed')
        GPIO.output(4, True)
        time.sleep(.3)
    else :
        # 若放开按钮
    print('Button Not Pressed')
        GPIO.output(4, False)
        time.sleep(.01)
```

输入完成，将其存储为 button .py。

2. 程序说明

button.py 程序的 GPIO.setup( ) 函数中有另一个参数：

```
pull_up_down=GPIO.PUD_UP
```

表明将 GPIO 内部电阻上拉至 3.3V。按钮开关电路示意图如图 5-8 所示。

图5-8　按钮开关电路示意图

由图 5-8 可知，当按钮按下时，会返回 False，表明 LOW，而当按钮放开时，会返回 True，表明 HIGH。

程序的 GPIO.input( ) 函数，可用来读取脚位的状态。

```
if (input_state == False):
        GPIO.output(4, True)
else :
        GPIO.output(4, False)
```

表明按钮按下，此时点亮 LED，若是 input_state 的值为 True，表明放开按钮，此时熄灭 LED。

3. 运行结果

打开终端机，以下列指令运行程序：

```
$ python  button.py
```

运行后，测试一下，当用户按下按钮时，LED 是否会亮，而当放开按钮时，LED 是否会暗。

5.6　切换 LED 亮灭

在 button.py 程序中，用户按下按钮后 LED 亮，放开按钮后 LED 灭。现在用户将修改程序，希望按钮按一下 LED 亮，再按一下 LED 灭，也就是说，每按一下按钮，即反相 LED 的状态。

1. python 程序：toogle.py

打开 button.py 程序，修改程序，另存新文件，文件名为"toogle.py"，程序内容为：

```
importRPi.GPIO as GPIO
import time

GPIO.setmode(GPIO.BCM)
GPIO.setup(18,GPIO.IN,pull_up_down=GPIO.PUD_UP)
GPIO.setup(4,GPIO.OUT)

led_state=False
old_input_state=True   # 默认按钮输入状态为 HIGH
```

```
while True:
    new_input_state=GPIO.input(18)

    # 若按钮状态由 HIGH 变为 LOW, 表明按钮按了一下
    if new_input_state == False and old_input_state == True:
    led_state = not led_state  # 反相 LED 状态
        time.sleep(0.2)

    # 按钮按下时, old_input_state 为 false
    # 按钮放开时, old_input_state 为 True
    old_input_state = new_input_state

    GPIO.output(4, led_state)  # 变更 LED 输出
```

2. 程序说明

用户在程序中使用 old_input_state 变量来记录上一次的按钮状态。由于 GPIO 内部电阻上拉至 3.3V, 当按钮按下时, 会返回 False, 当按钮放开时, 会返回 True, 因此程序中的叙述为:

```
if new_input_state == False and old_input_state == True:
        led_state = not led_state
```

表明当上一次的按钮状态为放开, 而现在的按钮状态为按下时, 即使用 not 运算, 将 LED 的状态反相。如此即可在每按一下按钮时, 反相 LED 的状态。

3. 运行结果

打开终端机, 以下列指令运行程序。

```
$ python  toogle.py
```

运行后, 测试一下, 是否可以按钮按一下, LED 亮, 再按一下, LED 灭。

第6章

Python 摄像头控制

6.1 简介

Webcam(网络摄像头) 对人们来说并不陌生，因为常将它用于计算机网络聊天的摄像头。由于 Raspberry Pi 支持通用 USB 的 Webcam，因此使用 USB Webcam 来抓取影音是一个很不错的选择。

另外，Raspberry Pi 板上有一个专门为相机模块预留的接口，称为 CSI (Camera Serial Interface)。而 Raspberry Pi 也有发行以 CSI 为基础的相机模块。此款相机拥有一个 500 万像素的 CMOS 传感器，最高分辨率可达 2592 像素 ×1944 像素，并支持 30FPS 的、1080 像素的高清视频录影。

下面要说明如何在 Raspberry Pi 3 中安装 Webcam 及 Pi 专用相机模块，并练习编写 Python 程序来开发影像应用程序。

6.2 安装 Webcam

本节使用 Kinyo PCM-515 USB Webcam，它的外观如图 6-1 所示。

图6-1 USB Webcam

首先，先将 USB Webcam 连接至 Raspberyy Pi 3 的 USB 接口。然后打开终端机，使用【lsusb】命令，列出当前已连接的 USB 设备，如图 6-2 所示。

```
File Edit Tabs Help
pi@raspberrypi:~ $ lsusb
Bus 001 Device 005: ID 046d:c058 Logitech, Inc. M115 Mouse
Bus 001 Device 004: ID 046d:c52b Logitech, Inc. Unifying Receiver
Bus 001 Device 006: ID 1e4e:0103 Cubeternet
Bus 001 Device 003: ID 0424:ec00 Standard Microsystems Corp. SMSC9512/9514 Fast
Ethernet Adapter
Bus 001 Device 002: ID 0424:9514 Standard Microsystems Corp.
Bus 001 Device 001: ID 1d6b:0002 Linux Foundation 2.0 root hub
pi@raspberrypi:~ $ 
```

图6-2 列出当前已连接的USB设备

此时可以看到已连接的 USB Webcam。以本单元为例，【Bus 001 Device 006】是笔者的 USB Webcam。若用户不确定是否已连接，可以先拔开 USB Webcam，运行一次【lsusb】，再插入 USB Webcam，运行一次【lsusb】，看是否有一个新建设备，这个新建的设备就是用户的 USB Webcam。

6.3 使用 fswebcam

fswebcam 是一个简单的命令行工具，可以在 Linux 中捕捉 Webcam 的影像。首先，用户先安装 fswebcam 工具，指令为：

```
$ sudo  apt-get  install  fswebcam
```

安装完后，创建一个新目录——output 目录，用来放置输出影像。

```
$ mkdir  /home/pi/output
```

要捕捉 webcam 影像，可以运行下列指令。

```
$ fswebcam  -r  1280x960  --no-banner  ~/output/camtest.jpg
```

指令参数说明如下。

（1）–r 1280×960：捕捉一张影像，分辨率为 1280 像素 ×960 像素。

（2）--no–banner：不显示时间消息。

（3）~/output/camest.jpg：捕捉的影像，会存储在当前目录下的【output】目录中，文件名为 "camtest.jpg"。若下次运行时没有改变存储的文件名，则新的影像会覆写同一个文件。

指令运行的结果，会输出类似以下的消息。

```
--- Opening /dev/video0...
Trying source module v4l2...
/dev/video0 opened.
No input was specified, using the first.
--- Capturing frame...
Corrupt JPEG data: 2 extraneous bytes before marker 0xd5
Captured frame in 0.00 seconds.
--- Processing captured image...
Disabling banner.
Writing JPEG image to '/home/pi/book/output/camtest.jpg'.
```

用户可以单击【Raspbian】中的【File Manager】图标 🗀，启动【文件管理器】窗口，双击【camtest.jpg】文件，来查看捕捉的影像，如图 6-3 所示。

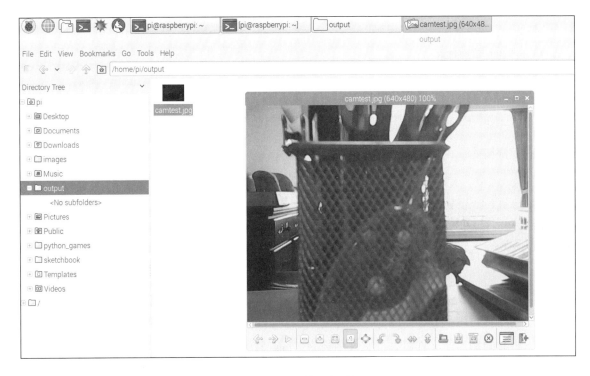

图6-3　查看捕捉的影像

6.4　fswebcam 定时捕捉影像

1. Crontab 指令

若要让 Webcam 以一定的时间间隔来捕捉影像，在 Linux 中，用户可以使用【crontab】指令来创建循环工作调度，创建调度的指令格式为：

```
min hour day month week /location/command 2 >&1
```

（1）min：分钟（0~59）。

（2）hour：小时（0~23）。

（3）day：日（1~31）。

（4）month：月（1~12，1 表明 1 月）。

（5）week: 星期（0~6, 0 表明周日）。

（6）/location/command : 欲调度运行的程序。

（7）2 > &1 : 将错误消息并入显示在屏幕上。

2. 编写时间戳脚本

首先，先编辑一个程序脚本，文件名为"timelapse.sh"。

```
$ sudo nano  timelapse.sh
```

输入程序脚本，内容为：

```
#!/bin/bash
DATE=$(date "+%Y-%m-%d_%H%M")
fswebcam -r 1280x960 --no-banner /home/pi/output/img_$DATE.jpg
```

其中，第 2 行程序中，用户使用 Linux 的【date】指令来生成时间戳。

```
date "+%Y-%m-%d_%H%M"
```

上述指令运行后，会以"年＿月＿日＿时＿分"的格式来显示当前的系统时间。在第 3 行程序中，将时间戳当作文件名，即文件名称为"img_$DATE.jpg"，让文件名称不会重复。

输入完成后存储并离开 nano 编辑器。接着运行下列指令，变更 timelapse.sh 的文件权限，让它可以运行。

```
$ chmod  +x  timelapse.sh
```

要运行 timelapse.sh 脚本，指令为：

```
$ ./timelapse.sh
```

运行后，请打开文件管理程序，看是否可以顺利创建具有时间戳文件名的影像。

3. 编辑调度

要定时运行 timelapse.sh 程序脚本，用户要先运行下列指令来编辑调度。

```
$ crontab  -e
```

运行后，会进入文书编辑器，若是第一次运行，会要求用户选一款文书编辑器，此时可以选择【/bin/nano】选项，即可自行编辑调度工作。例如，输入下列指令，表明每分钟运行 /home/test.sh 文件一次。

```
* * * * * /home/pi/output/timelapse.sh  2>&1
```

编辑完成的画面如图 6-4 所示。

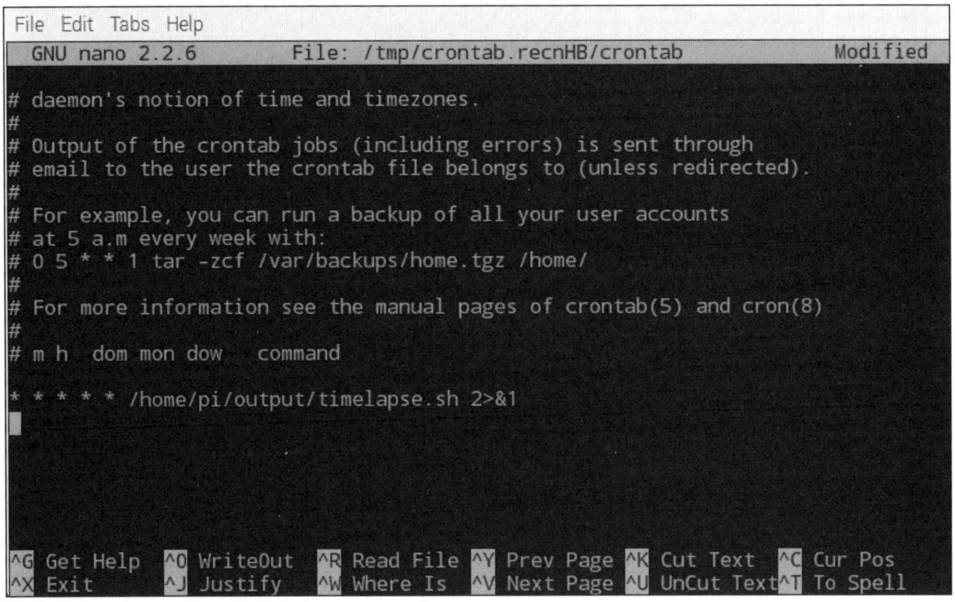

图6-4　编辑调度

若想每隔 5 分钟运行一次 timelapse.sh 文件，则可以将调度内容修改为：

```
*/5 * * * * /home/pi/timelapse.sh 2>&1
```

此时即会每隔 5 分钟捕捉一张 Webcam 影像。

编辑完成后存储并离开 nano 编辑器，此时 Linux 即会以设置的间隔，每隔一段时间运行一次 timelapse.sh 文件，捕捉一张 Webcam 影像，并以 "img_$DATE.jpg" 为文件名，将其存储在【/home/pi/output/】目录下。

6.5　使用 Webcam 录制视频

若想使用 Webcam 录制视频，可以使用 avconv 工具。首先要安装这个工具。

```
$ sudo  apt-get  install  libav-tools
```

若要录制视频，输入下列指令。

```
$ avconv -f video4linux2 -r 25 -s 1280x960 -i /dev/video0 ~/
output/test.avi
```

指令参数说明如下。

（1）–f video4linux2：以 video4linux2 API 来录制视频。

（2）–r 25：以每秒 25 张影格来录制视频。

（3）–s 1280×960：视频分辨率。

（4）–i /dev/video0：输入设备为【/dev/video0】，即 Webcam。

（5）~/output/test.avi：录制的视频，存在【当前目录 /output】目录下，文件名为【test.avi】。

运行后会显示下列消息，并开始录像。

```
pi@raspberrypi ~ $ avconv -f video4linux2 -r 25 -s 1280x960 -i /dev/
video0 ~/book/output/VideoStream.avi
avconv version 9.14-6:9.14-1rpi1rpi1, Copyright (c) 2000-2014 the
Libav developers
 built on Jul 22 2014 15:08:12 with gcc 4.6 (Debian 4.6.3-14+rpi1)
[video4linux2 @ 0x5d6720] The driver changed the time per frame from
1/25 to 2/15
[video4linux2 @ 0x5d6720] Estimating duration from bitrate, this may
be inaccurate
Input #0, video4linux2, from '/dev/video0':
 Duration: N/A, start: 629.030244, bitrate: 147456 kb/s
   Stream #0.0: Video: rawvideo, yuyv422, 1280x960, 147456 kb/s,
1000k tbn, 7.50 tbc
Output #0, avi, to '/home/pi/book/output/VideoStream.avi':
 Metadata:
   ISFT            : Lavf54.20.4
   Stream #0.0: Video: mpeg4, yuv420p, 1280x960, q=2-31, 200 kb/s,
25 tbn, 25 tbc
Stream mapping:
 Stream #0:0 -> #0:0 (rawvideo -> mpeg4)
Press ctrl-c to stop encoding
frame=  182 fps=  7 q=31.0 Lsize=     802kB time=7.28 bitrate=
902.4kbits/s
video:792kB audio:0kB global headers:0kB muxing overhead 1.249878%
Received signal 2: terminating.
```

若想退出录制，按【Ctrl+C】组合键。

录制完成后，若想播放视频，可以使用 omxplayer 软件。此软件为 Raspbian 自带软件，可以直接使用。若要播放 output 目录下的 test.avi 文件，指令为：

```
omxplayer  ~/output/test.avi
```

若想退出播放，按【Ctrl+C】组合键。

6.6 以 Pygame 控制 Webcam

Pygame 包含一系列的 Phthon 模块，可用来编写影音游戏。Pygame 很容易使用，且是开放源代码，也支持 Webcam 的控制，用户可以使用 Pygame 来打开 Webcam，以捕捉影像。

1. 程序流程

（1）初始化 Pygame。

（2）初始化 Pygame.camera 模块。

（3）设置 Webcam 对象，并设置显示大小。

（4）启动 Webcam。

（5）捕捉 Webcam 影像。

（6）停止 Webcam。

（7）将捕捉到的影像存储起来。

2. Python 程序：webcam.py

打开 Python 2(IDLE)，输入程序代码，将程序存储为 webcam.py。

```
import pygame
import pygame.camera

pygame.init( )
pygame.camera.init( )

size=width,height = 640,480
cam = pygame.camera.Camera("/dev/video0",size)
cam.start( )

image = cam.get_image( )
cam.stop( )

pygame.image.save(image, "~/output/cam.jpg")
```

3. 运行程序

打开终端机，输入下列指令：

```
$ python webcam.py
```

运行后，即可在【/home/pi/output】目录下，发现 Webcam 捕捉的影像 cam.jpg。

4. 程序解说

在 webcam.py 程序中，首先导入 Pygame 及 Pygame.camera 函数库。

```
import pygame
import pygame.camera
```

接着初始化导入的函数库。

```
pygame.init( )
pygame.camera.init( )
```

设置画面的宽度及高度，并启动 Webcam。

```
size=width,height = 640,480
cam = pygame.camera.Camera("/dev/video0",size)
cam.start( )
```

接着拍照，停止 Webcam，并存储相片。

```
image = cam.get_image( )
cam.stop( )
pygame.image.save(image, "~output/cam.jpg")
```

6.7 连接 Pi 相机模块

Pi 专用相机模块的外观图如图 6-5 所示。

图6-5 Pi 专用相机模块

相机模块采用 15 针的软线与 Raspberry Pi 板相连接，使用时，要将 Pi 相机连接至 Raspberry Pi 的 CSI 端口，如图 6-6 所示。

图6-6　将Pi相机模块连接至CSI端口

由于 CSI 接口并不是可热插入的接口，因此建议在安装相机模块时，先将 Raspberry Pi 断电，再进行安装，安装的步骤如下。

（1）拔出 CSI 插槽上的卡扣。

（2）相机模块软扁平电缆的银色金属侧针朝向 HDMI 界面，将软扁平电缆插入 CSI 插槽中。

（3）按下 CSI 插槽上的卡扣。

若有安装上的问题，可查阅下列网址的介绍。

https://www.raspberrypi.org/help/camera-module-setup/

启用相机模块

完成相机模块硬件的安装后，用户还要在 Pi 中启用相机模块，才能使用它。执行【Menu】→【Preference】→【Raspberry Pi Configuration】命令，打开【Raspberry Pi Configuration】窗口，切换至【Interface】选项卡，选择【Camera/Enable】选项，如图 6-7 所示。

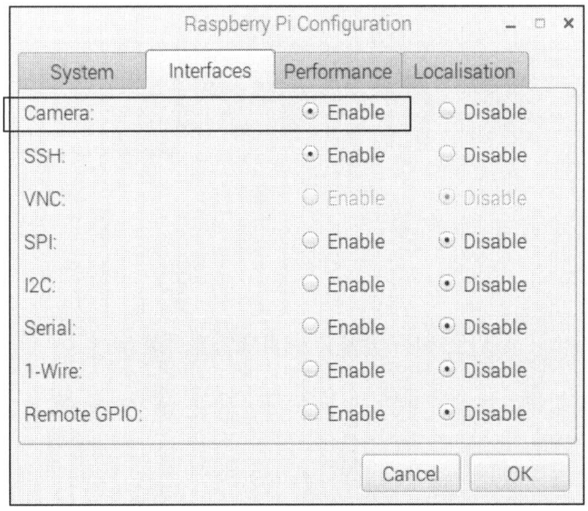

图6-7　选择启用相机模块

设置好后，会要求用户重启 Raspberry Pi，重启 Raspberry Pi 后即可完成 Pi 相机模块的启用。

6.8　使用 raspistill 及 raspivid

要使用 Raspberry Pi 相机模块来捕捉影像及视频，用户需要使用 raspistill 及 raspivid 工具。

1. 使用 raspistill

用户可以使用 raspistill 来捕捉影像，运行以下指令，它会将捕捉到的影像存储为 cam_module.jpg 文件。

```
$ raspistill -o ~/output/cam_module.jpg
```

其中，【-o】表明影像输出的文件与格式。用户可以启动文件管理器程序，至【/home/pi/output】目录下，双击 cam_module.jpg 文件，来查看捕捉到的影像，如图 6-8 所示。

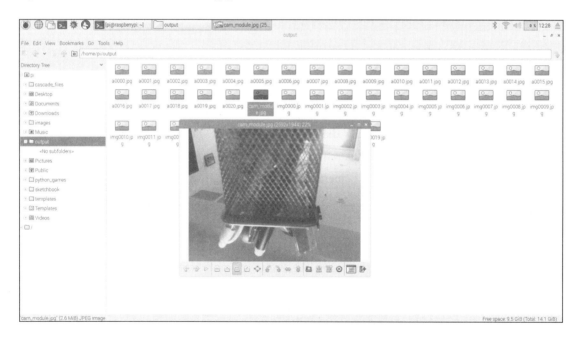

图6-8　查看Pi相机捕捉到的影像

在图 6-8 中，可以发现影像是颠倒的。若用户希望可以水平及垂直翻转，可以在指令中加入【-hf】及【-vf】参数，如下所示。

```
$ raspistill -o ~/output/cam_module.jpg -hf -vf
```

此时看到的影像如图 6-9 所示。

图6-9　水平及垂直翻转Pi相机捕捉到的影像

2. 延时捕捉影像

用户还可以使用【–t】选项，表明延时捕捉影像的时间。例如，若用户希望在 2 秒后，才进行影像的捕捉，指令为：

```
$ raspistill -o ~/output/cam_module2.jpg -t 2000
```

3. 变更捕捉影像的分辨率

raspistill 软件默认使用相机的最大分辨率进行影像的捕捉，经过压缩后，图片的大小约为 2.5MB。用户也可以在进行影像捕捉时加上分辨率的约束，让图片小一点。例如，若用户希望图片的分辨率为 1024 像素 ×768 像素，指令为：

```
$ raspistill -o ~/output/cam_module3.jpg -w 1024 -h 768
```

4. 查看指令参数

raspistill 软件还有很多的选项参数可以使用，有兴趣的读者可以使用下列指令来查看这些参数。

```
$ raspistill --help | more
```

5. 使用 raspivid

用户可以使用 raspivid 软件，让 Pi 相机模块录制视频，默认采用 H.264 编码来存储视频。例如，若用户要捕捉 5 秒的视频，执行以下指令，它会将捕捉到的视频存成 test.h264 文件。

```
$ raspivid -o ~/output/test.h264 -t 5000
```

h264 是 MPEG4 后新一代数字视频压缩格式，好处是压缩比高。若用户查看 test2.h264 文件的大小，可以发现 5 秒的 1080 像素高画质的视频，大小约为 8MB。

6. 播放视频

录制完成后，若想播放视频，可以使用 omxplayer 软件，指令为：

```
$ omxplayer ~/output/test.h264
```

若想退出播放，按【Ctrl+C】组合键。

与 fswebcam 及 avconv 不同的是，raspistill 及 raspivid 在运行时，并不会在终端机显示任何消息。

6.9 创建缩时摄影

1. 缩时摄影

所谓缩时摄影，是以一定的时间间隔来捕捉影像，再以较高的时间频率来播放影像。例如，若用户每分钟拍摄一张照片，共拍了 1 小时，此时会有 60 张影像，若将这 60 张影像，以每秒 10 张的方式合成一个视频，则只要 6 秒的时间，即可以播放完，这就是缩时摄影。使用缩时摄影，可以让用户用很短的时间，看到事物长时间的变化，如可以用很短的时间看到花朵绽放的过程。

要创建缩时摄影，需要以下两个步骤：

（1）拍摄缩时照片；

（2）整合照片成为视频。

2. 拍摄缩时照片

要拍摄缩时照片，可以使用【raspistill】指令。例如，若要每 3 秒拍一张照片，共拍摄 60 秒，即一共会有 20 张照片，指令为：

```
$ raspistill -o a%04d.jpg -tl 3000 -t 60000
```

指令参数说明如下。

（1）a%04d.jpg：自动为每个文件加入影格计数值，格式为 4 位数整数，若不足 4 位数，前面补 0。所以捕捉到的影像，会自动以 a0001.jpg、a0002.jpg、a0003.jpg 的文件名存储。

（2）–tl 3000：每 3 秒捕捉一次影像。

（3）–t 60000：相机运作时间为 60 秒。

3. 整合照片成视频

用户可以使用【avconv】指令来整合多张照片。例如，用户可以将 raspistill 捕捉到的 20 张影像，以每秒 10 张的方式合成一个视频，并将视频存储为 test3.mp4，指令为：

```
avconv -r 10 -i a%04d.jpg -r 25 -vcodec libx264 -crf 20 -g 15 -vf
  crop=2592:1458,scale=1280:720 test3.mp4
```

指令参数说明如下。

（1）–r 10：输入文件的影格框率为 10 fps。

（2）–r 25：输出文件的影格框率为 25 fps。

（3）–g 15：设置相片群组大小，视频的质量及压缩率会受此值影响。建议将此值设置为影格框率的一半。

（4）–vcodec libx264：视频编码器为 libx264 (MPEG–4 AVC)，此编码器可被多数显示芯片的视频加速 (硬件解压) 所支持。

（5）–crf 20：设置质量值为 20。值越低，视频的质量越好，但会增加视频文件的大小。

（6）–vf：视频滤波器。Raspberry Pi 相机的影像大小为 2592 像素 ×1944 像素，用户将其裁剪为 1280 像素 ×720 像素分辨率的视频。其中，用户使用了两种滤波器，首先，将输入照片剪裁为 2592 像素 ×1458 像素，接着将其大小调整为 1280 像素 ×720 像素。

4. 播放视频

整合多张照片成视频档后，用户可以使用 omxplayer 程序来播放 test3.mp3 视频。

```
$ omxplayer  test3.mp4
```

6.10 自动运行缩时摄影

如 6.9 节所述，要创建一个缩时摄影，输入指令的过程有点复杂，其实用户可以写一个 Python 程序来自动运行这些过程。

1. 程序流程

（1）设置缩时摄影的参数，如预计要捕捉影像的数量、如何合成视频等参数。

（2）以 os.system( ) 函数，运行 raspistill 指令，定时捕捉影像。

（3）以 os.system( ) 函数，运行 avconv 指令，合成视频。

2. Python 程序：pi_timelapse.py

打开 Python 2(IDLE)，输入下列程序，程序文件名为 "pi_timelapse.py"。

```python
import os
import time

FRAMES = 20     # 预计捕捉 20 张影像
FPS_IN = 10      # 每秒 10 张影像合成视频
FPS_OUT = 25    # 视频影格为 25 fps
WAITTIME = 10   # 每 10 秒捕捉一次影像

count = 0
while count < FRAMES:
    num = str(count).zfill(4)  # 预留 4 位数，前面补 0
    os.system("raspistill -o img%s.jpg" %(num))
    count += 1
    time.sleep(WAITTIME - 6)  # Pi 约需 6 秒拍一张照片

os.system("avconv -r %s -i img%s.jpg -r %s -vcodec libx264 -crf 20
-g 15 -vf
crop=2592:1458,scale=1280:720 timelapse.mp4"%(FPS_IN,'%4d',FPS_OUT))
```

3. 运行程序

打开终端机，输入下列指令。

```
$ python pi_timelapse.py
```

运行后，即可在【/home/pi/output】目录下，发现 Pi 相机模块捕捉的影像，并会自动将捕捉到的影像合成 timelapse.mp4 视频。若要播放整合照片后的视频，指令为：

```
$ omxplayer timelapse.mp4
```

第 **7** 章

伺服马达控制

7.1 简介

本章所介绍的伺服马达 (servo motor)，又称为舵机。舵机是一种位置（角度）伺服的驱动器，适用于那些需要角度不断变化，并可以保持位置的控制系统。舵机的旋转不像普通马达那样只是转圈，它可以根据用户的指令旋转 0 度 ~180 度之间的任意角度，然后精准地停下来。如果想让某个东西按自己的想法运动，舵机是个不错的选择，它控制方便、容易实现。

常见的舵机厂牌很多，图 7-1 所示为 MG-995 舵机的外观图。

图7-1　MG-995舵机

舵机具有体积小、重量轻、输出功率大、扭力大、效率高等特性，常被运用于位置及速度的控制应用，如机器人、遥控车、遥控直升机及无人搬运车等。

图 7-1 所示的 MG-995 舵机，其工作扭矩为 15 千克 / 厘米 (6.0V)，结构材质为金属齿轮，无负载操作速度为 0.13 秒 /60 度 (6.0V)。其中有一些专用术语说明如下。

（1）扭矩的单位为千克 / 厘米，是指在臂长度 1 厘米处能吊起的物体的千克数。

（2）舵机的齿轮组有塑料及金属两种，其中金属齿轮不会因为负载过大而发生崩牙的现象，可承受较大的扭力及速度，而塑料齿轮价格较便宜。

（3）速度的单位为秒 /60 度，是指舵机转动 60 度所需的时间。

7.2 舵机结构

舵机是个联合了多项技术的科技结晶体，它由直流马达、减速齿轮组、传感器和控制电路组成，是一套自动控制设备。图 7-2 所示为标准舵机的图解。

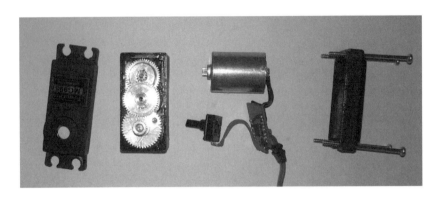

图7-2　标准舵机图解

舵机结构示意图如图 7-3 所示。

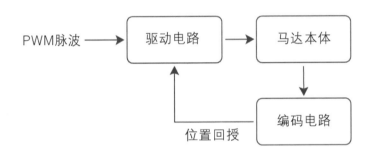

图7-3　舵机结构示意图

说明如下。

（1）驱动电路：接受 PWM 脉波输入，并进行运算及信号转换后，再驱动控制直流马达转动。

（2）马达本体：由直流马达、减速齿轮组及可变电阻器等组成。当直流马达转动时，带动减速齿轮组生成高扭力的输出，同时由位置检测器送回信号，判断是否已经到达定位。

（3）编码电路：舵机的位置检测器，其实就是可变电阻，当舵机转动时电阻值也会随之改变，由检测电阻值的电压便可知转动的角度。当检知到马达的位置时，会将位置进行编码并回授至驱动器进行比较，以保持转动位置的准确性。

7.3　舵机工作原理

舵机的控制信号为 PWM，依其旋转角度可分为以下两种：

（1）固定角度型：运动角度为 0 度 ~180 度；

（2）连续旋转型：运动角度为 0 度 ~360 度。

这里采用的舵机为固定角度型，其控制原理如图 7-4 所示。

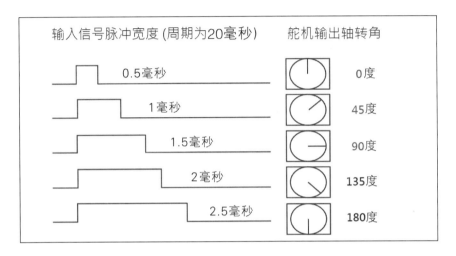

图7-4　舵机控制原理

（1）当正脉波宽度为 0.5 毫秒时，舵机转至 0 度。

（2）当正脉波宽度为 1.5 毫秒时，舵机转至 90 度。

（3）当正脉波宽度为 2.5 毫秒时，舵机转至 180 度。

至于 PWM 脉波的周期，如上所述，脉波的高电位必须持续 0.5~2.5 毫秒，也就是 500~2500 微秒。而脉波的低电位则必需持续 20 毫秒。每经过 20 毫秒，就要再次跳变为高电位，否则舵机就可能罢工，难以保持稳定。

7.4　Raspberry Pi 控制舵机

1. 舵机接线

无论哪种厂牌的舵机，都有以下 3 条控制线：

（1）电源线，通常为红色；

（2）接地线，通常为黑色或棕色；

（3）信号线，通常为黄色、橘色或白色。

MG-995 舵机的操作电压为 4.8~7.2V，工作电流为 100mA，必须使用稳定且输出电流足的电源供应，马达才能正常动作。

2. Raspberry Pi 3 控制舵机

Raspberry Pi 3 控制舵机如图 7-5 所示。

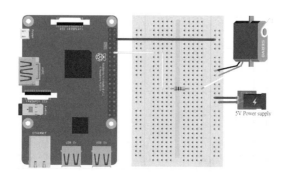

图7-5　Raspberry Pi控制舵机

说明如下。

（1）舵机的电源线接电源供应器的 5V。

（2）舵机的接地线接电源供应器的 GND，再接至 Raspberry Pi 的 GND。

（3）舵机的信号线接 1kΩ 的限流电阻后，再接至 Raspberry Pi 的 GPIO18 脚。

3. 程序流程

（1）设置 Raspberry Pi 的 GPIO18 脚为输出。

（2）设置 GPIO18 脚输出 PWM 信号，频率为 100 Hz，duty cycle（工作周期）为 5%。

（3）设置窗口大小为 500 像素 ×150 像素，位置为（0,0）。

（4）在窗口中加入 Scale（滑动条）组件，设置最小值为 0，最大值为 180。

（5）拖拉 Scale 组件的滑块，会改变 PWM 的 duty cycle。

4. Python 程序：servo_control.py

```
from Tkinter import *
import RPi.GPIO as GPIO
import time

GPIO.setmode(GPIO.BCM)
pwm=GPIO.setup(18,GPIO.OUT)  # GPIO18 为输出
pwm=GPIO.PWM(18,100)  # GPIO 输出 PWM
pwm.start(5)
```

```
class App:
    def __init__(self,master):
        frame=Frame(master)
        frame.pack( )
        # 设置滑动条
        scale = Scale(frame,from_=0,to=180,
                orient=HORIZONTAL,command=self.update)
        scale.grid(row=0)

    def update(self,angle):
        # 滑动条变更数值时，会改变 PWM 的工作周期
        duty=float(angle)/180.*20+5
        print("duty:"+str(duty))
        pwm.ChangeDutyCycle(duty)

try:
    # GUI 画面
    root=Tk( )
    root.wm_title('Servo Control')

    app=App(root)   # App 对象，加入滑动条组件

    root.geometry("500x×100+0+0")
    root.mainloop( )

finally:
    GPIO.cleanup( )
```

5. 程序说明

在 Python 2.7 中，提供了开发 GUI 应用程序的标准函数库 Tkinter，可让用户制作简单的
GUI 应用程序。若要开发 GUI 应用程序，需要以下两个步骤。

（1）使用 Tkinter 模块制作 GUI 画面。

（2）针对 GUI 画面编写处理程序。

使用 Tkinter 模块制作 GUI 画面的基本程序如下。

```
import Tkinter as tk
root = tk.Tk( )

# 加入窗口组件，事件处理程序
app=App(root)

root.mainloop( )
```

上述程序首先使用 TK( ) 函数来生成窗口对象。接着加入窗口组件及事件处理程序，再使用 mainloop( ) 函数来接收与反馈画面组件操作与程序处理的状态。

在上述程序中使用类别对象，在窗口中加入滑动条。

```
app=App(root)
```

Python 的类别可以称为资料的设计蓝图，在这个设计蓝图中，用户可以定义资料具有什么特性的属性，以具有什么功能的方法。在程序中，用户定义了一个类别，类别名称为【App】。

```
class App:
    def __init__(self,master):
    ...

    def update(self,angle):
    ...
```

其中，用户在类别中定义了以下两个方法。

（1）__init__ 方法：类别的初始设置。

（2）update 方法：变更滑动条数值时的处理程序。

在 __init__ 方法中，Frame 就像一个容器，负责安排窗口组件的位置。而运行 pack 方法时，就会将 Frame 上的组件由上到下依序排好。

```
frame=Frame(master)
frame.pack( )
```

接着在程序中使用了 Scale 组件，它可以让用户沿着刻度以滑块方式来选择数值，可以设置 Scale 组件的最小值及最大值。设置方式是使用 from_ 及 to 选项。

```
scale = Scale(frame,from_=0, to=180,
                      orient=HORIZONTAL,command=self.update)
```

其中，用户将 Scale 组件设置为水平滑动条，并设置当滑动条数值变更时，会运行 update 方法。

__init__ 方法的最后使用了 grid 函数。

```
scale.grid(row=0)
```

grid 是格子的意思，用 row(列) 及 column(行) 来设置组件的位置。由于当前窗口中只有一个组件，因此 row=0。

在 update 方法中，用户依据带入的舵机角度，算出它的工作周期（duty），接着变更 PWM 的工作周期。

```
def update(self,angle):
        duty=float(angle)/180.*20+5
        print("duty:"+str(duty))
        pwm.ChangeDutyCycle(duty)
```

举例来说，若带入的角度为 90 度，则 duty=15，即 15%，由于 PWM 周期为 10 毫秒，因此 PWM 的高电位为 1.5 毫秒。

6. 运行结果

程序运行结果如图 7-6 所示。

图7-6 使用Scale组件来控制舵机的角度

Scale 滑动条组件的初始值为 0，PWM 的频率为 100Hz，即 10 毫秒，初始 duty cycle 为 5%，换算后，即为 0.5 毫秒，所以此时舵机为 0 度。由于在程序中，有印出 duty cycle 的叙述，因此在 Python 控制面板中会显示当前 duty cycle 的值，如图 7-7 所示。

```
*Python 2.7.9 Shell*                                    _  □  ×
File  Edit  Shell  Debug  Options  Windows  Help
Python 2.7.9 (default, Sep 17 2016, 20:26:04)
[GCC 4.9.2] on linux2
Type "copyright", "credits" or "license()" for more information.
>>> ============================ RESTART ============================
>>>
duty:5.0
```

图7-7 Scale为0度时的duty cycle值

当用户移动 Scale 滑动条的滑块时，会改变 PWM 的 duty cycle 的值，当移动至 180 度时，duty cycle 的值为 25%，即 2.5 毫秒，此时舵机为 180 度，如图 7-8 所示。

图7-8　Scale滑动至180度

而在 Python 控制面板中，可看到滑动时 duty cycle 的变化值，如图 7-9 所示。

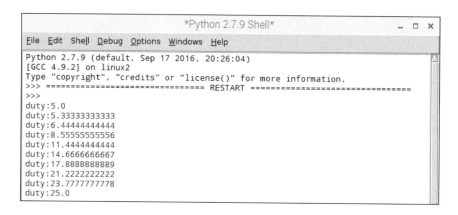

图7-9　滑动Scale时，会变动duty cycle的值

7.5　舵机控制板

要控制伺服马达运动，用户也可以使用市面上现有的舵机控制板。图 7-10 所示为 32 路舵机控制板。

图7-10　32路舵机控制板

此控制板的规格如下。

（1）舵机电源和控制板电源分开，独立供电。

（2）控制通道：可同时控制 32 路。

（3）通信输入：USB 或是串行 TTL。

（4）信号输出：PWM（精度 0.5 毫秒）。

（5）舵机驱动分辨率：0.5 毫秒，0.045 度。

（6）波特率：9600bps、19200 bps、38400 bps、57600 bps、115200 bps、128000 bps。

1. 供电

32 路舵机控制板的舵机电源和控制板电源分开，独立供电。供电方式如下。

（1）控制板电源：可以连接 USB 连接线，由 USB 接口供电，或者将控制板蓝色端子中的 VSS 接 5V，GND 接地。

（2）舵机电源：控制板蓝色端子中的 VS 为舵机电源。由于用户想将舵机的电源设为 5V，因此蓝色端子的 VS 接 5V，GND 接地。

2. 连接舵机

若要将舵机控制板连接舵机，要注意舵机控制板接脚旁的白色文字标记，如 S1，S2，…，S32，这些标记表明舵机的信道，如图 7-11 所示。

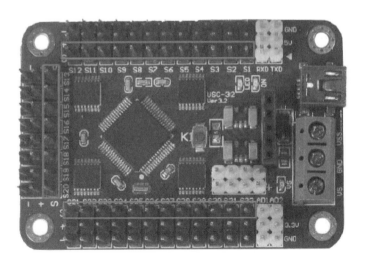

图7-11　舵机控制板信道位置

Raspberry Pi 与 32 路舵机的连接实体图如图 7-12 所示。

图7-12　Raspberry Pi与舵机控制板的连接

在图 7-12 中，用户将 MG-995 舵机，连接到舵机控制板的 S1 位置，舵机的 VS 及 VSS 电源接脚接 5V，并从舵机的 USB 接口，以 USB 连接线连接至 Raspberry Pi 3 的 USB 接口。

3. 安装 python-serial 函数库

为了让 Raspberry Pi 3 可以连接舵机控制器，用户需要在 Raspberry Pi 3 中安装 python-serial 函数库，指令为：

```
$ sudo apt-get install python-serial
```

4. 查询舵机控制板的串行端口名称

将舵机控制板与 Raspberry Pi 连接后，用户需要知道舵机控制板在 Raspberry Pi 中的串行端口名称，这需要一些步骤才能得知。

（1）先不连接舵机控制板，查看 Linux 设备文件中的串行端口列表。

```
$ ls /dev/tty*
```

（2）连接舵机控制板，再查看一次 Linux 设备文件中的串行端口列表，查看有什么变化，注意看新建的串行端口，此即为舵机控制板的 USB 串行端口，如以下的示例中，用户得知舵机控制板的串行端口名称为【/dev/ttyACM0】。

```
$ ls /dev/tty*
/dev/ttyACM0
```

7.6 舵机控制板命令格式

舵机控制板的通信协议为 9600、n、8、1，其命令格式如表 7-1 所示。

表7-1 命令格式

名称	命令	说明
控制单个舵机	#1P1500T100\r\n	数值1表明舵机通道，数值1500表明舵机的位置，范围为500~2500，数值100是运行时间，表明速度，范围为100~9999
控制多个舵机	#1P600#2P900#8P2500T100\r\n	数值1、2、8是舵机通道，数值600、900、2500分别是3个信道舵机的位置，数值100是运行时间，是3个舵机的速度
停止当前所有动作	#STOP\r\n	—

其中，【\r\n】是两个字符，表明归位及换行，十六进制是 0x0D 及 0x0A，即 Chr(13) 和 Chr(10)。

7.7 Pi 连接舵机控制板

在本节中，用户要练习编写 Python 程序，让 Raspberry Pi 3 经由舵机控制板来控制单个舵机的旋转角度及速度。

1. 所需设备

（1）舵机控制板 ×1。
（2）舵机 ×1。
（3）Raspberry Pi 3 ×1。

2. 系统架构图

Raspberry Pi 3 通过舵机控制板控制单个舵机的架构图，如图 7-13 所示。

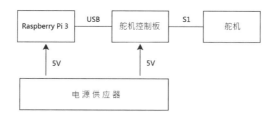

图7-13 舵机控制架构图

3. 程序流程

（1）设置连接舵机控制板的串行端口名称及波特率。

（2）用户输入舵机通道编号。

（3）使用者输入舵机角度。

（4）用户输入舵机速度。

（5）将使用者输入的舵机编号、角度、速度整理成舵机控制器命令，传送至舵机控制板，控制舵机转动。

4. Python 程序：robot01.py

打开 Python 2（IDLE）输入下列程序，并以"robot01.py"文件名存档。

```python
import serial
import time

# 设置角度及速度函数
def setAngleSpeed(ser, channel, angle, speed):
    minAngle=0.0
    maxAngle=180.0
    minTarget=500.0
    maxTarget=2500.0

    scaleValue=int((angle/(maxAngle-minAngle)*
    (maxTarget-minTarget))+minTarget)
    channelByte=str(channel)
    angleByte=str(scaleValue)
    speedByte=str(speed)

    # 汇编成舵机控制板命令
    command="#"+channelByte+"P" + angleByte+"T"+speedByte+"\r\n"
    print command

    ser.write(command)   # 命令送至串行端口
    ser.flush( )

ser=serial.Serial("/dev/ttyACM0",9600)

while True:
    servo=int(raw_input("servo number: "))
    angle=int(raw_input("Angle: "))
```

```
speed=int(raw_input("speed: "))
setAngleSpeed(ser, servo,angle, speed)
```

5. 运行结果

打开终端机运行 Python 程序。

```
$ python robot01.py
```

运行后的画面如图 7-14 所示。

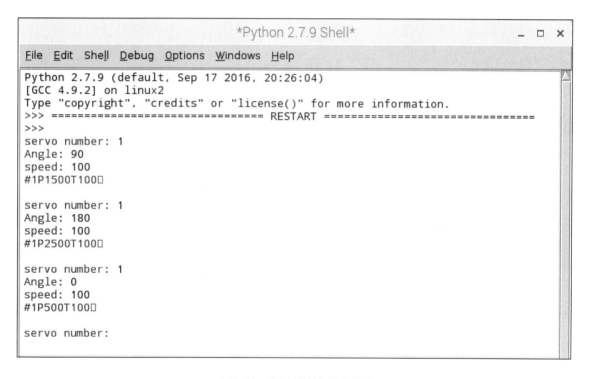

图7-14 单个舵机控制运行结果

程序会要求用户输入舵机的信道号、角度及速度，输入完成后，会将输入的值汇编成舵机命令，传送给舵机控制板，控制伺服马达转动。

第 **8** 章

六轴机械手臂控制

8.1　简介

1. 机械手臂

机械手臂（Robotic Arm）是具有模仿人类手臂功能，并可完成各种作业的自动控制设备，它有多个关节连接，可在平面或三度空间进行运动，或者使用线性位移移动。机械手臂由机械主体、控制器、伺服机构和传感器所组成，并由程序根据作业需求设置其一定的指定动作。机器手臂在 20 世纪 80 年代，已成功地应用于汽车制造等产业，是应用范围最广泛的机械人技术，很多工业上危险的组装、喷漆、焊接、高温铸锻等繁重工作，都能以机器手臂替代人工操作。

2. 六轴机械手臂

在本章中要介绍如何以 Raspberry Pi 控制六轴机械手臂。下面要控制的六轴机械手臂是教学用的，其外观图如图 8-1 所示。

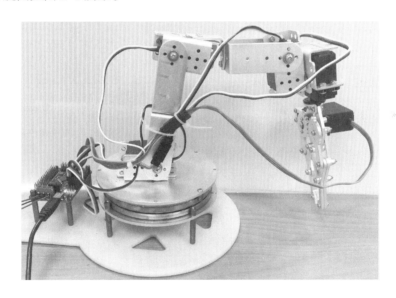

图8-1　六轴机械手臂外观图

8.2　组装六轴机械手臂

图 8-1 中的六轴，指的是有 6 个伺服马达，这里以 S1 ～ S6 分别表明这 6 个伺服马达，其用途说明如下。

1. S1 伺服马达

S1 伺服马达用来旋转底座，如图 8-2 所示。

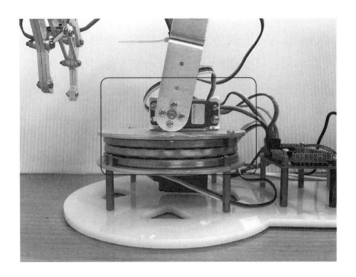

图8-2　S1伺服马达

2. S2 伺服马达

S2 伺服马达用来控制手臂的上下动作，如图 8-3 所示。

图8-3　S2伺服马达

3. S3 伺服马达

S3 伺服马达用来控制手臂的手肘动作，如图 8-4 所示。

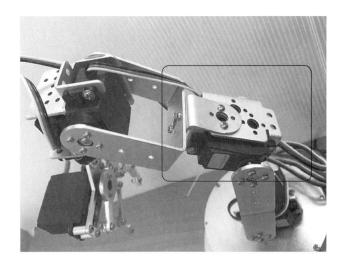

图8-4　S3伺服马达

4. S4 伺服马达

S4 伺服马达用来控制手腕的上下动作，如图 8-5 所示。

图8-5　S4伺服马达

5. S5 伺服马达

S5 伺服马达用来旋转手腕，如图 8-6 所示。

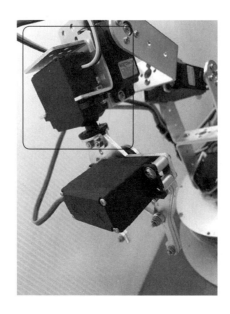

图8-6　S5伺服马达

6.S6 伺服马达

S6 伺服马达用来打开或关闭手爪，如图 8-7 所示。

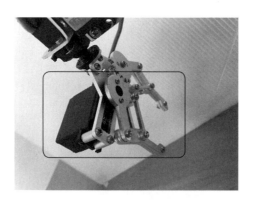

图8-7　S6伺服马达

7. 伺服马达与舵机控制板的连接

机械手臂的S1～S6伺服马达，其信号线分别接至舵机控制板的S1～S6通道，如图8-8所示。

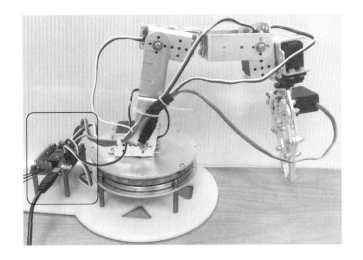

图8-8　伺服马达与舵机控制板的连接

8.3　控制六轴机械手臂取放物

在本节中要练习编写 Python 程序，控制六轴机械手臂取放物。

1. 所需设备

（1）六轴机械手臂 ×1。

（2）舵机控制板 ×1。

（3）Rapsberry Pi 3 板 ×1。

2. 系统架构图

控制六轴机械手臂取放物的系统架构图，如图 8-9 所示。

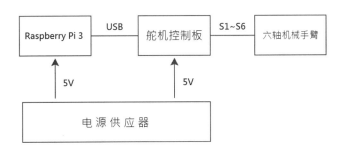

图8-9　控制六轴机械手臂取放物的系统架构图

3. 程序流程

（1）程序运行后，机械手臂回归 HOME 点，所有舵机转至 90 度位置。

（2）机械手臂往下，抓取物品。

（3）机械手臂上移，底座转至 45 度。

（4）机械手臂往下，放开物品。

（5）机械手臂往上。

（6）机械手臂往下，抓取物品。

（7）机械手臂上移，底座回转至 90 度。

（8）机械手臂往下，放开物品。

（9）回归 HOME 点，完成一次抓取物品的动作。

（10）重复抓取物品的动作。

4. Python 程序：robotArm.py

打开 Python 2(IDLE)，输入下列程序代码，输入完成，存储为 robotArm.py 文件。

```python
import serial
import time

# 单个舵机角度及速度控制函数
def setAngleSpeed(ser, channel, angle, speed):
    scaleValue= int((angle/180.0)*2000+500)
    channelByte=str(channel)
    lowTargetByte=str(scaleValue)
    highTargetByte=str(speed)
    command="#"+channelByte+"P"+lowTargetByte+"T"+highTargetByte+
"\r\n"
    print command
    ser.write(command)   # 命令传送至舵机控制器
    ser.flush( )

# 两个舵机角度及速度控制函数
def setAngleSpeed2(ser, s1, angle1 ,s2,angle2,speed):
    p1=int((angle1/180.0)*2000+500)
    p2=int((angle2/180.0)*2000+500)
    command="#"+str(s1)+"P" + str(p1)+
    "#"+str(s2)+"P"+str(p2)+"T"+str(speed)+"\r\n"
    print command
```

```
        ser.write(command)
        ser.flush( )

# HOME 函数，每个舵机转至 90 度
def setHome(ser):
        setAngleSpeed(ser,1,90,1000)
        time.sleep(1)
        setAngleSpeed(ser,2,90,1000)
        time.sleep(1)
        setAngleSpeed(ser,3,90,1000)
        time.sleep(1)
        setAngleSpeed(ser,4,90,1000)
        time.sleep(1)
        setAngleSpeed(ser,5,90,1000)
        time.sleep(1)
        setAngleSpeed(ser,6,90,1000)
        time.sleep(1)

# 机械手臂取放物控制函数
def pos1(ser):
        setAngleSpeed2(ser, 2, 105, 4, 105, 1000)  # 向下
        time.sleep(1)
        setAngleSpeed(ser, 6, 150, 1000)  # 闭爪，抓物
        time.sleep(2)
        setAngleSpeed(ser,2,90,1000)  # 向上
        time.sleep(1)
        setAngleSpeed(ser,1,45,1000)   # 底座旋转至 45 度
        time.sleep(1)
        setAngleSpeed2(ser,2,105,4,105,1000)   # 向下
        time.sleep(1)
        setAngleSpeed(ser,6,80,1000)   # 开爪，放物
        time.sleep(2)
        setAngleSpeed(ser,2,90,1000)   # 向上
        time.sleep(3)
        setAngleSpeed2(ser,2,105,4,105,1000)   # 向下
        time.sleep(1)
        setAngleSpeed(ser,6,150,1000)   # 闭爪，抓物
        time.sleep(2)
        setAngleSpeed(ser,2,90,1000)   # 向上
        time.sleep(1)
        setAngleSpeed(ser,1,90,1000)   # 底座旋转至 90 度
        time.sleep(1)
```

```
        setAngleSpeed2(ser,2,105,4,105,1000)  # 向下
        time.sleep(1)
        setAngleSpeed(ser,6,90,1000)  # 开爪，放物
        time.sleep(2)
        setAngleSpeed(ser,2,90,1000)  # 向上
        time.sleep(3)
ser=serial.Serial("/dev/ttyACM0",9600)
setHome(ser)

while 1:
        pos1(ser)
        time.sleep(5)
```

5. 运行结果

打开终端机，输入下列指令来运行程序。

```
$ python robotArm.py
```

程序运行后，六轴机械手臂便会进入连续取放物的流程。用户可放一个小东西给机械手臂抓取，来测试机械手臂取放物的准确性，如图 8-10 所示。

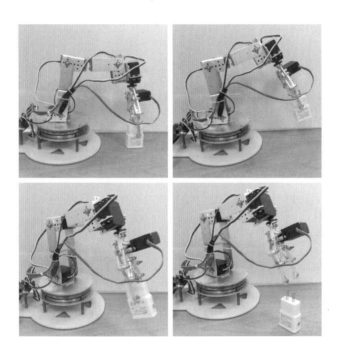

图8-10　机械手臂取放物

第 **9** 章

四轴两足机器人控制

9.1 简介

本节要说明如何以 Raspberry Pi 控制四轴两足机器人。四轴两足机器人的外观如图 9-1 所示。

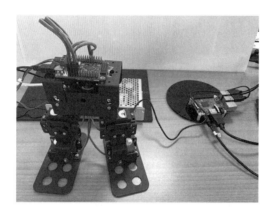

图9-1 四轴两足机器人

9.2 组装四轴两足机器人

图 9-1 中的四轴指的是有 4 个伺服马达，用户以 S1 ~ S4 分别表明这 4 个伺服马达，其用途说明如下。

1. S1 伺服马达

S1 伺服马达用来控制左脚，如图 9-2 所示。

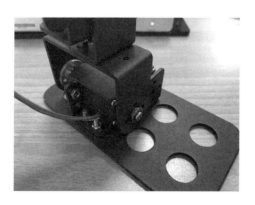

图9-2 S1伺服马达

这里所谓的左、右是站在机器人的角度来看的，而不是人们看到机器人时的左、右方。

2. S2 伺服马达

S2 伺服马达用来控制左边的臀部，如图 9-3 所示。

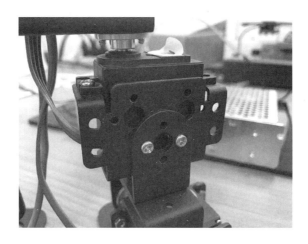

图9-3　S2伺服马达

3. S3 伺服马达

S3 伺服马达用来控制右脚，如图 9-4 所示。

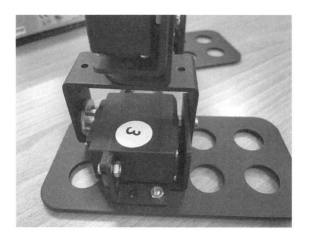

图9-4　S3伺服马达

4. S4 伺服马达

S4 伺服马达用来控制右边的臀部，如图 9-5 所示。

图9-5　S4伺服马达

9.3　步行原理

如何定义走路？这是从地面抬起一条腿，而另一条腿（一个或多个）支撑身体的过程。当腿被抬起时，它往前走再回到地面。接着，这个过程继续着，另一条腿抬起……

问题来了，当一个生物抬起腿部时，什么可以防止生物掉下来？为了回答这个问题，这里需要一些静态物理学的基本概念，它解释了平衡规律。

要描述力量，用户需要确定 3 个变量：大小、方向和施力点。例如，如果用户想在房间中移动一件家具，那么大小就是人们必须施加在家具上使它移动的力量，方向是人们推动家具的方向，而施力点是人们施加力量的点。

物体的重力是由于地球的吸引而受到的力，其大小与物体的质量成正比，方向竖直向下，但其作用点在哪里？人们可以将一个对象想成一个数量很多且非常小的粒子的总和，每一个都有自己的质量。地球在每个粒子上施加力，因此它们都可以被认为是一个作用点。然而，物理学知识说明，这些力的合力可视为单个力。所有粒子所受重力的合力，大小是物体的重力，方向竖直向下，而作用点则被称为重心（COG），如图 9-6 所示。

重力作用在物体上，试图将其 COG 尽可能地靠近地面移动。这就是为什么物体掉下来，直到达到稳定的位置为止。但是什么使一个位置稳定？静态学知识说明，当身体的重心垂直穿过其支撑的底座时，身体就会变得

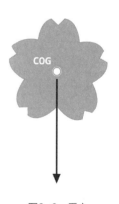

图9-6　重心

稳定。支撑底座是直线连接周围支撑点的表面。支撑点是与地面或任何其他稳定物体（如房间的地板或桌子）接触的任何一点。例如，桌子有 4 条腿，每条桌腿都有一个与地面接触的小表面，它的支撑底座是由桌腿限定的区域，如图 9-7 所示。

supporting base

图9-7　桌子的支撑底座

当人们使用方块堆起塔楼时，都会学习到一个规则：当 COG 保持在支撑底座内时，塔是稳定的；一旦它落在底座之外，塔本身就会掉下来，如图 9-8 所示。

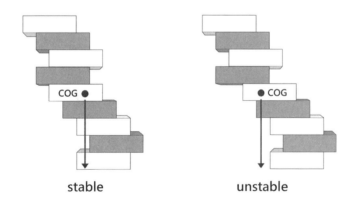

stable　　　　　　　　unstable

图9-8　稳定及不稳定的方块

如何找到对象的 COG？对于形状和密度上对称的物体，COG 与它们的几何中心一致，但是在更复杂的物体中，COG 不是很容易找到，并且不能保证在物体内部。幸运的是，人们不需要找到机器人 COG 的实际位置。人们实际上对通过 COG 的垂直线位置感兴趣，以便看它是否落在支撑底座内。如果机器人是对称的，那么这条线将非常接近其几何中心。因此，人们实际需要做的是从顶部看机器人，并确定 COG 是否落在由桌腿限定的支撑底座上。

例如，在图 9-9 中，这是一个具有 4 条大腿的机器人的俯视图。其中一条腿被抬起，看到 COG 仍然落在由另外 3 条腿划定的表面内。因此，机器人保持稳定。

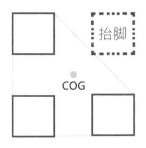

图9-9　4条腿机器人，抬起一条腿

若机器人又抬起一条腿，如图9-10所示，机器人即使只有两条腿也能保持平衡，因为COG仍然落在其支撑底座内。

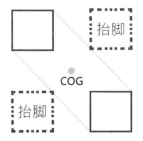

图9-10　4条腿机器人，抬起两条腿

当机器人抬起两条腿部前进时，它的一部分向前移动，COG也向前移动，并且由于腿的接触表面限定足够宽的区域，使移动的COG落在边界内，因此机器人再次保持稳定，如图9-11所示。

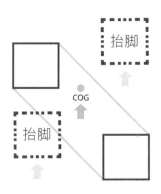

图9-11　4条腿机器人，抬起两条腿前进

当人们使用超过4条腿的机器人时，就不再需要依赖它们的尺寸了。例如，六脚机器人可以使用非常细的脚来步行，只要它们中至少有3只脚触及地面，如图9-12所示。

图9-12 六脚机器人，抬起3只脚

相反，当开始减少腿的数量时，事情变得更加复杂。制造两足机器人需要非常仔细的设计。如果想仿人类走路的方式，就必须了解人体会发生什么。下面来做一个简单的实验。站稳，将体重均匀分布在脚上。保持手臂在身旁，保持所有的肌肉放松。现在慢慢地试着抬起一条腿，注意身体往往会掉到相应的那边。在正常情况下行走时，人们会在抬起另一只脚之前，不经意地移动 COG 至另一只脚。这可以让身体保持平衡和稳定，防止跌倒。

所以在构建两足机器人时，在提起和前进另一只脚之前，必须将 COG 转移至另一只脚，如此才能让机器人保持平衡和稳定，如图 9-13 和图 9-14 所示。

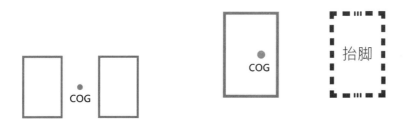

图9-13 两足机器人站立　　　　　　图9-14 两足机器人，抬起1只脚

9.4 控制四轴两足机器人前进与后退

了解步行原理后，在这一节中要练习编写 Python 程序，来控制四轴两足机器人前进与后退。本节所提供的程序，只是一个参考解答，机器人的前进与后退，有点像在滑步。读者可以发挥创意，修改机器人的机械结构，自行设计理想中的步行方式。

1. 实习设备

（1）四轴两足机器人 ×1。

（2）舵机控制板 ×1。

（3）Raspberry Pi 3 板 ×1。

2. 程序流程

（1）伺服马达回至 HOME 点，所有马达回归至 90 度。

（2）抬右脚，臀部向右转，左脚向前滑，放下右脚。

（3）抬左脚，臀部向左转，右脚向前滑，放下左脚。

（4）完成前进一步的动作。

（5）伺服马达回至 HOME 点，所有马达回归至 90 度。

（6）抬右脚，臀部向左转，左脚向后滑，放下右脚。

（7）抬左脚，臀部向右转，右脚向后滑，放下左脚。

（8）完成后退一步的动作。

（9）伺服马达回至 HOME 点，所有马达回归至 90 度。

3. Python 程序: biped01.py

打开 Python 2(IDLE)，输入下列程序代码，并以 "biped01.py" 文件名存档。

```
import serial
import time

# HOME 函数
def homepoint( ):
    setAngle2(ser,1,90,3,90,1000)  # S1, S3 至 90 度
    time.sleep(1)
    setAngle2(ser,2,90,4,90,1000)  # S2, S4 至 90 度
    time.sleep(1)

# 前进函数
def forward( ):
    # STEP 1
    setAngle(ser,3,70,500)  # S3 至 70 度，抬右脚
    time.sleep(0.5)

    # STEP 2
    setAngle2(ser,4,40,2,40,500)  #S4, S2 至 40 度，臀部向右转，左脚向前
滑
    time.sleep(0.5)
    setAngle(ser,3,90,500)  # S3 至 90 度，放下右脚
```

```
        time.sleep(0.5)

        # STEP 3
        setAngle(ser,1,120,500)  # S1至120度，抬左脚
        time.sleep(0.5)

        # STEP 4
        setAngle2(ser,2,130,4,130,500) # S2，S4至130度，臀部向左转，右
脚向前滑
        time.sleep(0.5)
        setAngle(ser,1,90,500)  # S1至90度，放下左脚
        time.sleep(0.5)

# 后退函数
def back( ):
        # STEP 1
        setAngle(ser,3,70,500) # S3至70度，抬右脚
        time.sleep(0.5)

        # SETP 2
        setAngle2(ser,4,140,2,140,500)  # S4，S2至140度，臀部向左转，左
脚向后滑
        time.sleep(0.5)
        setAngle(ser,3,90,500)  # S3至90度，放下右脚
        time.sleep(0.5)

        # STEP 3
        setAngle(ser,1,120,500)  # S1至120度，抬左脚
        time.sleep(0.5)

        # SETP 4
        setAngle2(ser,2,50,4,50,500)  # S2，S4至50度，臀部向右转，右脚向
后滑
        time.sleep(0.5)
        setAngle(ser,1,90,500)  # S1至90度，放下左脚
        time.sleep(0.5)

# 单个舵机角度及速度控制
def setAngle(ser, channel, angle, speed):
        scaleValue=int((angle/180.0*2000.0)+500.0)
        channelByte=str(channel)
        lowTargetByte=str(scaleValue)
```

```
    highTargetByte=str(speed)
    command="#"+channelByte+"P"+lowTargetByte+"T"+highTargetByte+
"\r\n"
    print command
    ser.write(command)
    ser.flush( )

# 两个舵机角度及速度控制
def setAngle2(ser, channel1, angle1, channel2,angle2,speed):
    scaleValue1=int((angle1/180.0*2000.0)+500.0)
    scaleValue2=int((angle2/180.0*2000.0)+500.0)
    channelByte1=str(channel1)
    lowTargetByte1=str(scaleValue1)
    channelByte2=str(channel2)
    lowTargetByte2=str(scaleValue2)
    highTargetByte=str(speed)
    command="#"+channelByte1+"P" + lowTargetByte1+
        "#"+channelByte2+"P"+lowTargetByte2+"T"+highTargetBy
te+"\r\n"
    print command
    ser.write(command)
    ser.flush( )

ser=serial.Serial("/dev/ttyACM0",9600)

if __name__ == "__main__":
    homepoint( )
    time.sleep(1)
    while 1:
            forward( )  # 前进
            homepoint( )  # 回 HOME
            time.sleep(3)
            back( )  # 后退
            homepoint( )  # 回 HOME
            time.sleep(3)
```

4. 运行结果

程序运行时，机器人会先前进，步骤如下。

（1）抬右脚。

（2）臀部向右转，左脚向前滑，放下右脚。

（3）抬左脚。

（4）臀部向左转，右脚向前滑，放下左脚。

此 4 个步骤如图 9-15 所示。

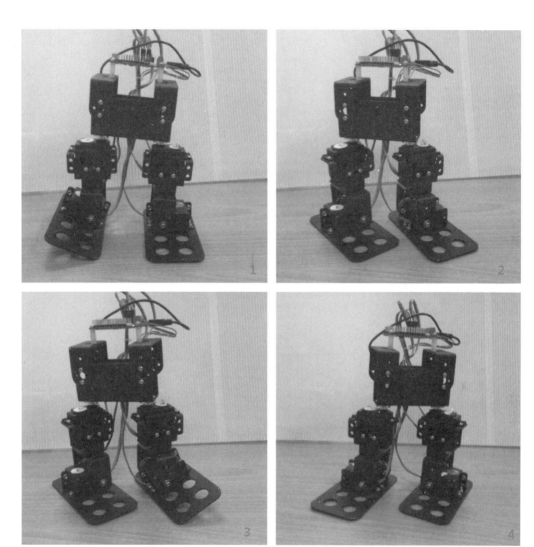

图9-15　四轴两足机器人前进

接着，机器人后退，步骤如下。

（1）抬右脚。

（2）臀部向左转，左脚向后滑，放下右脚。

（3）抬左脚。

（4）臀部向右转，右脚向后滑，放下左脚。

此 4 个步骤如图 9-16 所示。

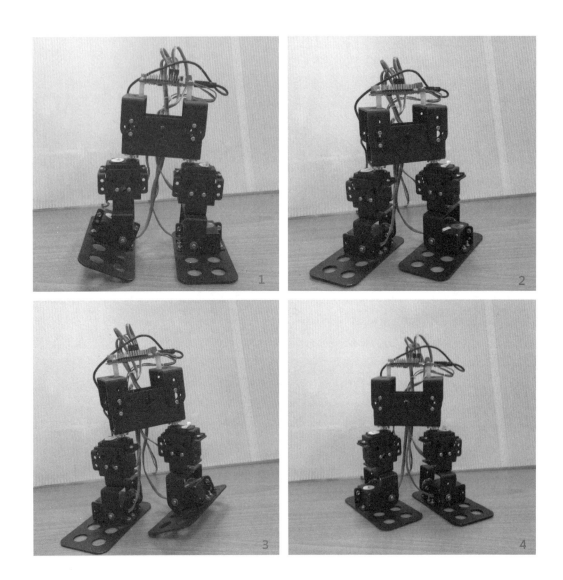

图9-16 四轴两足机器人后退

9.5 控制四轴两足机器人左转与右转

完成四轴两足机器人前进与后退的控制后，现在来试试是否可以让机器人左转与右转。同样地，本节所提供的程序，只是一个参考解答。读者可以发挥创意，修改机器人的机械结构，自行设计理想中的步行方式。

1. 程序流程

（1）伺服马达回至 HOME 点，所有马达回归至 90 度。

（2）臀部向左转，向右倾斜。

（3）抬左脚，臀部向右转。

（4）所有马达回归 90 度。

（5）完成右转的动作。

（6）臀部向右转，向左倾斜。

（7）抬右脚，臀部向左转。

（8）所有马达回归 90 度。

（9）完成左转的动作。

2. Python 程序：biped02.py

打开 Python 2(IDLE)，输入下列程序代码，并以"biped02.py"文件名存档。

```python
import serial
import time

# HOME 函数
def homepoint( ):
    setAngle2(ser,1,90,3,90,1000)  # S1, S3 至 90 度
    time.sleep(1)
    setAngle2(ser,2,90,4,90,1000)  # S2, S4 至 90 度
    time.sleep(1)

# 右转函数
def right( ):
    # STEP 1
    setAngle2(ser,4,130,2,130,500)  #S4, S2 至 130 度，臀部向左转
    time.sleep(1)

    # STEP 2
    setAngle(ser,3,130,500)  # S3 至 130 度，向右倾
    time.sleep(0.5)

    # STEP 3
    setAngle(ser,1,130,500)  # S1 至 130 度，抬左脚
    time.sleep(0.5)
```

```
    # STEP 4
    setAngle(ser,2,60,1000)   # S2 至 60 度，臀部向右转
    time.sleep(2)

    # STEP 5
    setAngle2(ser,1,90,3,90,500)   # S1，S3 至 90 度，左右脚回 HOME
    time.sleep(2)

    # STEP 6
    setAngle2(ser,4,90,2,90,500)   # S2，S4 至 90 度，臀部回 HOME
    time.sleep(0.5)

# 左转函数
def left( ):

    # STEP 1
    setAngle2(ser,4,50,2,50,500)   #S2，S4 至 50 度，臀部向右转
    time.sleep(0.5)

    # STEP 2
    setAngle(ser,1,40,500)   # S1 至 40 度，向左倾
    time.sleep(0.5)

    # STEP 3
    setAngle(ser,3,50,2000)   # S3 至 50 度，抬右脚
    time.sleep(2)

    # STEP 4
    setAngle(ser,4,130,2000)   # S4 至 130 度，臀部向左转
    time.sleep(1)

    # STEP 5
    setAngle2(ser,3,90,1,90,1000)   # S1，S3 至 90 度，左右脚回 HOME
    time.sleep(0.5)

    # STEP 6
    setAngle2(ser,4,90,2,90,500)   # S2，S4 至 90 度，臀部回 HOME 点
    time.sleep(0.5)

# 单个舵机角度及速度控制
def setAngle(ser, channel, angle, speed):
    scaleValue=int((angle/180.0*2000.0)+500.0)
```

```
        channelByte=str(channel)
        lowTargetByte=str(scaleValue)
        highTargetByte=str(speed)
        command="#"+channelByte+"P"+lowTargetByte+"T"+ highTargetByte+
"\r\n"
        print command
        ser.write(command)
        ser.flush( )

# 两个舵机角度及速度控制
def setAngle2(ser, channel1, angle1, channel2,angle2,speed):
        scaleValue1=int((angle1/180.0*2000.0)+500.0)
        scaleValue2=int((angle2/180.0*2000.0)+500.0)
        channelByte1=str(channel1)
        lowTargetByte1=str(scaleValue1)
        channelByte2=str(channel2)
        lowTargetByte2=str(scaleValue2)
        highTargetByte=str(speed)
        command="#"+channelByte1+"P" + lowTargetByte1+
            "#"+channelByte2+"P"+lowTargetByte2+"T"+highTargetByte+
            "\r\n"
        print command
        ser.write(command)
        ser.flush( )

ser=serial.Serial("/dev/ttyACM0",9600)

if __name__ == "__main__":
        homepoint( )
        time.sleep(1)

        while 1:
            left( )
            time.sleep(3)
            right( )
            time.sleep(3)
```

3. 运行结果

程序运行时，机器人先左转，步骤如下。

（1）臀部向右转。

（2）向左倾斜。

（3）抬右脚。

（4）臀部向左转。

（5）左右脚回归90度。

（6）左右臀部回归90度。

此6个步骤如图9-17所示。

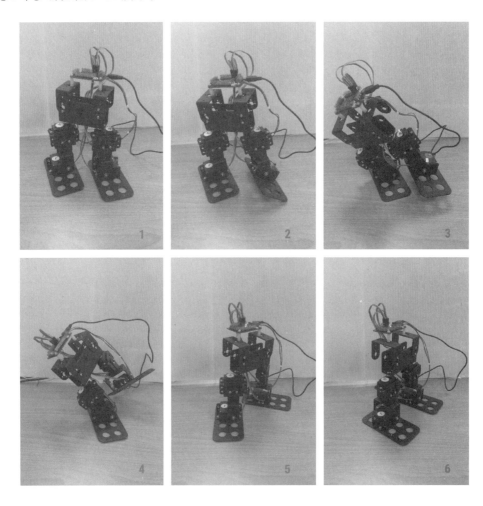

图9-17　四轴两足机器人左转

接着，机器人右转，步骤如下。

（1）臀部向左转。

（2）向右倾斜。

（3）抬左脚。

（4）臀部向右转。

（5）左右脚回归 90 度。

（6）左右臀部回归 90 度。

此 6 个步骤如图 9-18 所示。

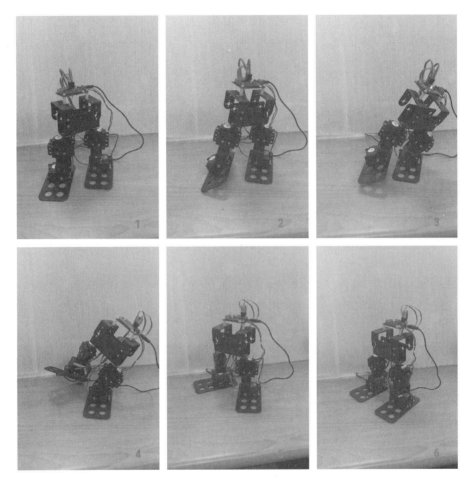

图9-18 四轴两足机器人右转

第 10 章

直流马达控制

10.1 简介

直流马达是依靠直流电驱动的马达，在小型电器上应用较为广泛。直流马达（DC Motor）的好处是：它在控速方面比较简单，只需控制电压大小即可控制转速。常规的轮型机器人通常是使用小型的直流马达驱动车轮。小型直流马达的外观图如图 10-1 所示。

图10-1　小型直流马达

直流马达有很多种规格，主要是电压的区分，最常见的是 6V 直流马达，但它的工作电压可以是 3~7.5V。要驱动 6V 直流马达，可以使用 2~4 个 1.5V 电池串联起来，作为马达的驱动电源。虽然 Raspberry Pi 可以提供 5V 的电源，不过直流马达需要的电流比较大，所以建议不要直接使用 Raspberry Pi 提供的电源给直流马达使用。如果这么做，通常会让 Raspberry Pi 停止运作，也很有可能烧坏 Raspberry Pi。

10.2 直流马达特性

直流马达具有很多值得研究的重要特性。

1. 转速特性

常规马达转速的测量单位为 r/min，表明每分钟转几圈。大多数的直流马达的转速为 3000~8000 r/min，转得很快，但常见的轮型机器人的驱动速度在 40~250 r/min 之间，所以一般会在直流马达中加入减速齿轮。

有时会想将 r/min 转为角速度测量单位 rad/s，即弧度 / 秒，它的转换公式为：

```
r/min × 0.10472 = rad/s
```

例如，137 r/min 相当于

```
137 r/min × 0.10472 = 14.34664 rad/s
```

另外，若要将 rad/s 转为 r/min，公式为：

```
rad/s×9.54929 = r/min
```

2. 转矩特性

使机械原件转动的力矩称为转动力矩，简称转矩。它表明马达能够承受多大的负载。转速与转矩是不一样的。例如，电动螺丝起子具有大的转矩，可以将螺丝推入或移出，但转速相当慢，另外，虽然计算机风扇的转速很快，但风扇叶片可以方便地停止或卡住，表明转矩非常小。

用双手握住物体，比用手臂撑住物体来得更容易。转矩的测量，以可以转动多少物体质量，以及质量距离有多远来进行测量。因此，马达转矩的单位为牛顿米（Nm）。另一个常用的单位为千克重·厘米（kgf·cm），它的换算公式为：

```
kgf·cm×0.0980665 = Nm
```

例如，若有一个罐子重 380g，则具有 380 gf·cm 转矩的马达，可以旋转一个连接在 1cm 处的 380g 的罐子，这具有实际意义。如果构建一只机械手臂，但马达无法移动这只机械手臂，解决的方法是，可以换一个转矩较大的马达，也可以缩短手臂，还可以减少重量。

3. 电压特性

马达通常都会标示它运行的额定电压，如 3V、6V 等。马达通常可以在额定电压的 50%~125% 之间运行。例如，6V 的马达可以在 3~7.5V 之间的电压运行。低于 50% 以下不能转动，而高于 125% 的电压，马达可能会过热或出现故障。

当 6V 的马达以 3~7.5V 之间的电压运行时，电压越大，速度越快，速度变化与电压变化成正比。

10.3 Raspberry Pi 3 控制直流马达

1. L298N 模块

L298N 模块采用 L298N 马达驱动芯片，可以驱动两个直流马达或一个步进马达，它的外观图如图 10-2 所示。

图10-2　L298N模块

L298N 模块的接脚定义如图 10-3 所示。

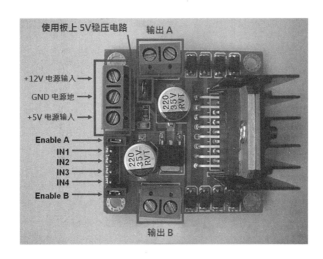

图10-3　L298N模块的接脚定义

2. 驱动电压为 7~12V

L298N 模块使用内置的 78M05，若 L298N 模块的 JP1 短接，可将 +12V 驱动电源转为 5V，作为逻辑电压之用。这种情况下的设置如下。

（1）JP1：ON，使用 L298N 模块板上的稳压转换电路。

（2）+5V：不需要接电源。

（3）+12V：提供 7~12V 电压给马达做驱动电压。

若 L298N 模块的 JP1 短接，可以将 78M05 转换后的 5V 引出，由 +5V 引脚供电给其他设备使用。

3. 驱动电压大于12V

为了避免78M05稳压芯片损坏，当使用大于12V驱动电压时，要让L298N模块的JP1断开，使用外部+5V引脚供电。这种情况下的设置如下。

（1）JP1：OFF，不使用L298N模块板上的稳压转换电路。

（2）+5V：提供+5V电压做逻辑电压。

（3）+12V：提供20~46V电压给马达做驱动电压。

4. 驱动电压小于6V

由于电压过低，这种情况下只能通过驱动板上的+12V和GND两个端子来给马达供电。而+12V电压过低，经过稳压电路后，无法提供给L298N稳定的5V逻辑电压，因此只能通过L298N板上的+5V脚位来为驱动板提供5V逻辑电压。这种情况下的设置如下。

（1）JP1：OFF，不需要L298N模块板上的稳压转换电路。

（2）+5V：提供+5V电压做逻辑电压。

（3）+12V：提供+5V电压给马达做驱动电压。

5. 驱动直流马达

L298N可控制两个直流马达Moter A和MoterB。表10-1所示为使用IN1与IN2控制Motor A的方法，Motor B的控制逻辑也是一样的，只是要改用IN3和IN4来控制。

表10-1　使用IN1与IN2控制Motor A的方法

ENA	IN1	IN2	功能
H	L	H	右转
H	H	L	左转
H	L	L	停止
H	H	H	停止
L	X	X	停止

若要控制直流马达的转速，只要将PWM信号输入ENA脚即可。

6. Raspberry Pi 连接 L298N

在本节中采用5V来驱动直流马达。Raspberry Pi 3、L298N模块及直流马达的接线图如图

10-4 所示。

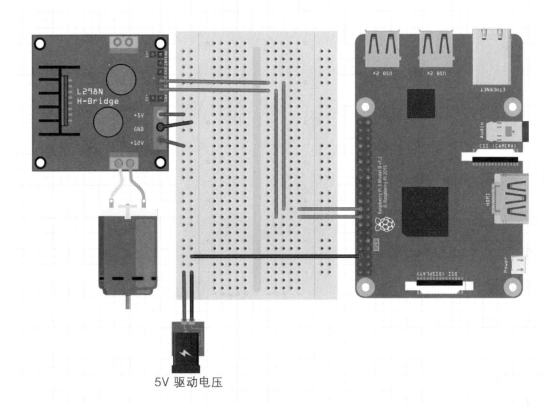

5V 驱动电压

图10-4　Raspberry Pi控制L298N模块

其中，由于驱动电压为 5V，因此 L298N 驱动板上的 JP1 要将其断开。L298N 的 ENA 短接，表明 HIGH，而 IN1 与 IN2 则接至 Raspberry Pi 3 的 GPIO23 及 GPIO24 引脚。

7. 程序流程

设置 GPIO23 及 GPIO24 为输出模式。

直流马达正转 3 秒。

直流马达停 1 秒。

直流马达反转 3 秒。

直流马达停止转动。

8. Python 程序: dcMotor.py

打开 Python 2(IDLE)，输入下列程序，并以"dcMotor.py"文件名存档。

```
import RPi.GPIO as GPIO
import time

Motor_R1_Pin = 23  # 连接 L298N IN1
Motor_R2_Pin = 24  # 连接 L298N IN2
GPIO.setmode(GPIO.BCM)
GPIO.setup(Motor_R1_Pin, GPIO.OUT)
GPIO.setup(Motor_R2_Pin, GPIO.OUT)

try:
    GPIO.output(Motor_R1_Pin, True)      # 正转 3 秒
    time.sleep(3)
    GPIO.output(Motor_R1_Pin, False)

    time.sleep(1)                        # 停 1 秒

    GPIO.output(Motor_R2_Pin, True)      # 反转 3 秒
    time.sleep(3)
    GPIO.output(Motor_R2_Pin, False)

finally:
    GPIO.cleanup( )
```

9. 运行结果

打开终端机，运行 Python 程序。

```
$ python dcMotor.py
```

运行后，可以看到直流马达会正转 3 秒，停 1 秒，接着反转 3 秒，停止。

10.4　RaspiRobot 驱动板

除了可以使用 L298N 模块来驱动直流马达外，在市面上还有一款很不错的驱动板，称为 RaspiRobot board V3。RaspiRobot 驱动板是一块扩展板，可以放在 Raspberry Pi 3 的上方，让 Raspberry Pi 3 成为机器人控制器。图 10-5 所示为 RaspiRobot board V3 的外观图。

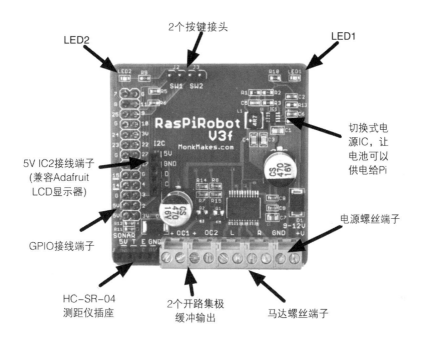

图10-5　RaspiRobot board V3外观图

RRB3 除了有马达驱动模块外，还可连接一些周边组件，如超音波传感器、按钮开关及 I²C 组件，同时还有两个开路集极输出。

1. 安装 RRB3 函数库

要安装 RRB3 的 Python 函数库，可到下列网址下载。

https://github.com/simonmonk/raspirobotboard3

或者依照下列步骤，下载及安装 RRB3 函数库。

```
$ cd ~
$ git clone https://github.com/simonmonk/raspirobotboard3.git
$ cd raspirobotboard3/python
$ sudo python setup.py install
```

2. 导入 RRB3 函数库

RaspiRobot 函数库只能在 Python 2 下运行。下列指令会导入 RRB3 函数库，并定义 RRB3 对象。

```
from rrb3 import *
rr = RRB3(9, 6)  # 电池 9V, 马达 6V
```

其中，RRB3( ) 函数中的第 1 个参数表明电池电压，第 2 个参数表明马达的电压。

3. LED

RRB3 有两个 LED 可以进行控制，语法为：

```
rr.set_led1(1)    # LED1 on
rr.set_led1(0)    # LED1 off
rr.set_led2(1)    # LED2 on
rr.set_led2(0)    # LED2 off
```

4. switch 输入

RRB3 可连接两个按钮开关，检测开关是否开或关的程序代码为：

```
from rrb3 import *
rr = RRB3(9, 6)
while True:
    print("SW1=" + str(rr.sw1_closed( )) + " SW2=" + str(rr.sw2_
    closed( )))
    raw_input("check again")
```

其中，sw1_closed( ) 和 sw2_closed( ) 函数若返回 True，表明 switch 为关。

5. Open Collector 输出

RRB3 有两个开路集极输出：OC1 和 OC2，可承受 2A 的电流，控制语法为：

```
rr.set_oc1(1)   # OC1 on
rr.set_oc1(0)   # OC1 off
```

6. Motor(高阶指令)

RRB3 的马达驱动模块可用来控制直流马达。高阶指令假设直流马达已链接至车轮，指令有 forward、reverse、left、right 及 stop，分别表明前、后、左、右及停。指令语法为：

```
rr.forward( )     # 半速前进
rr.forward(5)     # 半速前进 5 秒
rr.forward(5, 1)  # 全速前进 5 秒
```

forward 函数的第 1 个参数表明直流马达转动时间，若设置为 0，表明无时间限制。第 2 个参数表明直流马达的速度，值为 0~1，默认值为 0.5。

7. Stepper Motor

RRB3 的马达驱动模块也可用来驱动单极性步进马达。此时步进马达的一组线圈接至 RRB3 的 L 端，另一组线圈接至 RRB3 的 R 端。控制指令为：

```
rr.step_forward(5, 200)   # 步进 200 步，步进时间 5 毫秒
rr.step_reverse(5, 200)   # 以另一个方向步进
```

8. Motor(低阶指令)

RRB3 的低阶马达控制指令可单独控制每一个直流马达的速度及方向。控制指令为：

```
rr.set_motors(1, 0, 1, 0)   # 左右马达同一方向全速前进
```

其中，motors 函数的参数说明如下。

（1）参数 1：左马达的速度。

（2）参数 2：左马达的方向。

（3）参数 3：右马达的速度。

（4）参数 4：右马达的方向。

所以，若要左右马达同一方向半速前进，控制指令为：

```
rr.set_motors(0.5, 0, 0.5, 0)
```

另外，若要左右马达半速前进，方向相反，控制指令为：

```
rr.set_motors(0.5, 1, 0.5, 0)
```

9. Range Finder

RRB3 可连接 SR-04 超音波传感器，控制指令很简单，只有一个指令：

```
rr.get_distance()   # 获取量测距离，单位为 cm
```

10. 额定值

RRB3 的额定值说明如下。

（1）输入电压：6~12 V，驱动马达时建议 9V。

（2）马达全部平均电流：1.2A。

（3）OC1 及 OC2 输出电流 : 2A。

11. RRB3 脚位

RRB3 的脚位，连接至 Raspberry Pi 3 的定义如下。

（1）RIGHT_PWM_PIN = GPIO 14。

（2）RIGHT_1_PIN = GPIO 10。

（3）RIGHT_2_PIN = GPIO 25。

（4）LEFT_PWM_PIN = GPIO 24。

（5）LEFT_1_PIN = GPIO 17。

（6）LEFT_2_PIN = GPIO 4。

（7）SW1_PIN = GPIO 11。

（8）SW2_PIN = GPIO 9。

（9）LED1_PIN = GPIO 8。

（10）LED2_PIN = GPIO 7。

（11）OC1_PIN = GPIO 22。

（12）OC2_PIN = GPIO 27。

（13）OC2_PIN_R1 = GPIO 21。

（14）OC2_PIN_R2 = GPIO 27。

（15）TRIGGER_PIN = GPIO 18。

（16）ECHO_PIN = GPIO 23。

10.5 连接 RRB3 及 Raspberry Pi

图 10-6 所示为 Raspberry Pi 连接 RRB3 驱动板的示意图。

图10-6　Raspberry Pi连接RaspiRobot驱动板

其中，RRB3 安装在 Raspberry Pi 的上方，超音波传感器摆放的位置也很理想，可以不用加支架即可让自走车进行超音波测距，而电源及马达的接线如下：

（1）连接电池电源至 RRB3 的 +V 及 GND；

（2）连接一个马达的两条线至 RRB3 的 L 端；

（3）连接另一个马达的两条线至 RRB3 的 R 端。

第 **11** 章

轮型机器人控制

11.1　简介

　　轮型机器人是当前最常看到的机器人。例如，常用在家中的扫地机器人即是一种轮型机器人。市面上也有很多关于轮型机器人的教具。轮型机器人的工业应用实例之一即是AGV(Automated Guided Vehicle)，这是一种自动导引车，可追随工厂地板上的标记或电线，或者使用计算机视觉、磁铁或雷射光来进行导航。在工业应用中，AGV 常用于将材料移动到制造设施或仓库的周围。图 11-1 所示为 KUKA 的 AGV 自动导引车，此车上面还搭配了机械手臂，被视为 AGV 行业的下一个蓝海。

图11-1　KUKA的AGV+机械手臂

　　下面要介绍的轮型机器人为笔者自行设计的自走车，其外观图如图 11-2 所示。

图11-2　轮型机器人外观图

轮型机器人的系统体系结构图如图 11-3 所示。

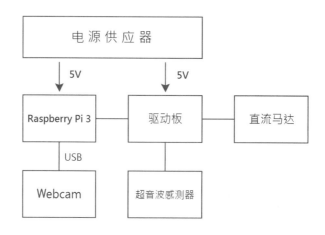

图11-3　轮型机器人系统体系结构图

　　下面要练习编写的 Python 程序来控制驱动板，再由驱动板来驱动两个直流马达，让轮型机器人可以前进、后退、左转及右转。并且搭配超音波传感器，让轮型机器人可以自动避开障碍物。

11.2　轮型机器人组装

1. 底盘

轮型机器人的底盘安装了直流马达、轮子及万向轮，如图 11-4 所示。

图11-4　轮型机器人底盘

2. 底盘上方

轮型机器人的底盘上方，则安装了超音波传感器，用来进行避开障碍，如图 11-5 所示。

图11-5 轮型机器人底盘上方

其中，底盘上保留了一点空间，方便日后加装其他设备，如喇叭、传感器，或者与 Arduino 控制板整合应用。有关与 Arduino 控制板的整合应用参见第 12 章。

3. 第二层设备

轮型机器人底盘装有铜柱，加上第二层，第二层放置 Raspberry Pi 3、驱动板、电源供应器及 Webcam，如图 11-6 所示。其中，驱动板放置在 Raspberry Pi 3 的上方，如图 11-7 所示。

图11-6 轮型机器人第二层　　　　图11-7 驱动板放置在Raspberry Pi 3的上方

11.3 Robot 驱动板

图 11-7 中的驱动板，是笔者参考第 10 章介绍的 RaspiRobot board V3 的电路图修改制作而成的，本节称之为 Robot 驱动板。

Robot 驱动板兼容于 RaspiRobot board V3，但加入了 IR 红外线传感器，可作为日后练习编写 Python 程序及进行红外线遥控之用。Robot 驱动板的外观图如图 11-8 所示。

图11-8　Robot驱动板的外观图

11.4 Raspberry Pi 连接 Robot 驱动板

Raspberry Pi 3 与 Robot 驱动板的连接如图 11-9 所示。

图11-9　Robot驱动板与马达、超音波传感器的连接

说明如下。

（1）连接一个马达的两条线至驱动板的 JP6。

（2）连接另一个马达的两条线至驱动板的 JP7。

（3）连接超音波传感器至驱动板的 SONAR 插座。SONAR 插座的引脚如图 11-10 所示。

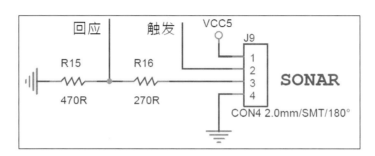

图11-10　驱动板SONAR插座引脚

11.5　控制轮型机器人

本节要练习编写 Python 程序，控制轮型机器人前进、后退、左转及右转。

1. 设备需求

轮型机器人 1 台。

2. 安装 RRB3 函数库

由于笔者自行研发的 Robot 驱动板兼容于第 10 章介绍的 RaspiRobot board V3，因此需要安装 RRB3 函数库，若还未安装，请依下列步骤安装。

```
$ cd ~
$ git clone https://github.com/simonmonk/raspirobotboard3.git
$ cd raspirobotboard3/python
$ sudo python setup.py install
```

3. 程序流程

（1）轮型机器人前进 1 秒、停止。

（2）后退 1 秒、停止。

（3）左转 1 秒、停止。

（4）右转 1 秒、停止。

4. 程序: mobile01.py

打开 Python 2(IDLE)，输入下列程序，并以"mobile01.py"文件名存档。

```
#!/usr/bin/python

import time
from rrb3 import *

rr = RRB3(9, 6)
rr.set_motors(1, 0, 1, 0)  # 前进
time.sleep(1)
rr.stop( )  # 停止
rr.set_motors(1, 1, 1, 1)  # 后退
time.sleep(1)
rr.stop( )  # 停止
rr.set_motors(1, 0, 1, 1)  # 左转
time.sleep(1)
rr.stop( )  # 停止
rr.set_motors(1,1, 1, 0)  # 右转
time.sleep(1)
rr.stop( )  # 停止
```

5. 运行程序

打开终端机，运行 Python 程序。

```
$ python mobile01.py
```

运行后，首先用手拿起轮型机器人，即可看到轮型机器人的轮子会依序转动：前进、停止、后退、停止、左转、停止、右转、停止。

11.6 超音波传感器模块

所谓超音波 (Ultrasound)，是指高于人耳可听见的最高频率以上的声波。超音波可用来检测距离，其原理就像雷达一样，若知道从发射超音波到接收反射波所需的时刻，即可算出被测

物的距离。

超音波传感器模块通常有两个超音波组件，一个用于发射，一个用于接收，其外观图如图 11-11 所示。

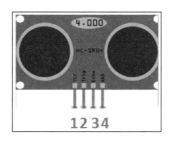

图11-11　超音波传感器引脚标示

超音波模块有 4 个引脚，说明如下。

（1）脚位 1：接电源 VCC。

（2）脚位 2：触发，接至 Raspberry Pi。

（3）脚位 3：响应，接至 Raspberry Pi。

（4）脚位 4：接地线 (GND)。

1. 工作原理

当在超音波模块的触发脚位（第 2 脚）输入 10 微秒以上的高电位，即可发射超音波。发射超音波之后，响应脚位（第 3 脚）刚开始为高电位，接收到传回的超音波时，响应脚位转为低电位，因此，可以检测响应脚位的高电位持续时间，即可算出被测物的距离，如图 11-12 所示。

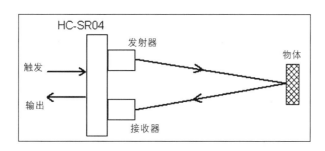

图11-12　超音波传感器工作原理

2. 1 厘米距离的声波传递时间

在室温 20℃的环境中，声波的传输速度约为 344 米 / 秒，若知道超音波往返时间，则可以算出被测物的距离：

$$距离（米）= 344 \times （超音波往返时间）/ 2$$

由上面公式，若想知道声波前进 1 厘米所需的时间，计算方法为：

$$超音波往返 1 厘米时间 =0.01 \times 2 / 344 = 58.1（微秒）$$

所以若可以知道超音波往返时间的微秒数（tu），由于每 58 微秒为 1 厘米，因此可以得知待测物的距离为：

$$待测物距离（厘米）= tu / 58$$

其中，tu 即为超音波传感器，响应脚位的高电位持续时间，单位为微秒。

11.7　Raspberry Pi 超音波测距

本节要练习编写 Python 程序，让 Raspberry Pi 3 可以使用超音波传感器测量距离。

1. 设备需求

（1）Raspberry Pi 3 × 1。

（2）SR-04 超音波传感器 × 1。

（3）270Ω 电阻 × 1。

（4）470Ω 电阻 × 1。

2. Raspberry Pi 3 连接超音波传感器

使用低成本的 SR-04 超音波传感器，需要两支 GPIO 脚位，一支用来触发，另一支用来接收响应。Raspberry Pi 3 连接超音波传感器，如图 11-13 所示。

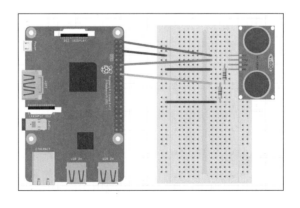

图11-13　Raspberry Pi超音波测距

其中，超音波传感器的触发脚接至 Pi 的 GPIO18，而响应脚则接至 Pi 的 GPIO23。值得注意的是，响应脚由 270Ω 电阻及 470Ω 电阻组成分压电路，输出约 3.17V 的电压至 Raspberry Pi 3。

3. 程序流程

（1）GPIO18 脚设为输出，GPIO23 脚设为输入。

（2）定义 send_trigger_pulse 函数，运行时，GPIO18 脚 HIGH，持续 1 毫秒后，GPIO 脚 LOW。

（3）定义 wait_for_echo 函数，判断是否在规定时间内得到超音波的响应消息。

（4）定义 get_distance 函数，触发超音波传感器的触发脚，接着计算出响应脚由 HIGH 变为 LOW 的时间差。由时间差除以 58 微秒，即可得超音波传感器的测距（厘米）。

4. Python 程序: pi_sensor.py

打开 Python 2(IDLE)，输入下列内容，并以"pi_sensor.py"为文件名存档。

```
import RPi.GPIO as GPIO
import time

trigger_pin = 18  # 触发脚
echo_pin = 23  # 响应脚

GPIO.setmode(GPIO.BCM)
GPIO.setup(trigger_pin, GPIO.OUT)
GPIO.setup(echo_pin, GPIO.IN)

# 触发函数
def send_trigger_pulse():
    GPIO.output(trigger_pin, True)
    time.sleep(0.0001)
    GPIO.output(trigger_pin, False)

# 等待响应脚信号改变
def wait_for_echo(value, timeout):
    count = timeout
    while GPIO.input(echo_pin) != value and count > 0:
        count = count - 1

def get_distance():
    send_trigger_pulse()
```

```
        wait_for_echo(True, 10000)  # 等待响应脚为 HIGH
        start:time.time()  # 开始计时

        wait_for_echo(False, 10000)  # 等待响应脚为 LOW
        finish = time.time()  # 计时退出
        pulse_len = finish - start  # 计算时间差，单位为秒
        distance_cm = pulse_len / 0.000058  # 计算距离
        distance_in = distance_cm / 2.5  # 厘米转英寸
        return (distance_cm, distance_in)

while True:
        print("cm=%f\tinches=%f" % get_distance())
        time.sleep(1)
```

5. 运行结果

打开终端机，运行 Python 程序。

```
$ python pi_sensor.py
```

运行后的结果如下，会显示超音波传感器测量的距离值，并以厘米及英寸等单位显示。

```
$ python pi_sensor.py
cm=154.741879      inches=61.896752
cm=155.670889      inches=62.268356
cm=154.865199      inches=61.946080
cm=12.948595       inches=5.179438
cm=14.087249       inches=5.634900
cm=13.741954       inches=5.496781
cm=20.775302       inches=8.310121
cm=20.224473       inches=8.089789
```

11.8 轮型机器人自动避开障碍物

本节要练习编写 Python 程序，通过 Robot 驱动板读取超音波传感器传回来的距离，并可以让轮型机器人自动避开障碍物。

1. 设备需求

轮型机器人 1 台。

2. 程序流程

（1）导入 RRB3 函数库。

（2）轮型机器人向前进。

（3）读取超音波传感器传回来的距离。

（4）若距离小于 15 厘米，则先停止，向后 1 秒，再向左转 0.5 秒。

（5）若左边无障碍物，则继续向前行。

（6）若左边有障碍物，且距离小于 15 厘米，则向右转 1 秒。

（7）向右转之后，若无障碍物，则继续向前行，若又有障碍物，则再向右转 0.5 秒。

3. 程序: mobile_sensor.py

打开 Python 2(IDLE)，输入下列程序，并以 "mobile_sensor.py" 文件名存档。

```
#!usr/bin/python

import time
from rrb3 import*
import termios
import sys
import tty

rr=RRB3(9,6)
dist=0
dir=0
print "starting up"

while (1):
        rr.set_motors(1,1,1,1)  # 前进
        dist=rr.get_distance( )  # 获取超音波测距距离
        # print dist

        if dist< 15.0:
                    rr.stop( )
                    rr.set_motors(1,0,1,0)  # 后退
                    time.sleep(1)

                    rr.stop( )  # 停止

                    rr.set_motors(1,1,1,0)
```

```
                    time.sleep(0.5)     # 左转 0.5 秒

        dist=rr.get_distance( )   # 获取超音波测距距离

        if dist< 15.0:
            rr.set_motors(1,0,1,1)
            time.sleep(1)    # 右转 1 秒
            rr.stop( )

        dist=rr.get_distance( )    # 获取超音波测距距离
        if dist< 15.0:
            rr.set_motors(1,0,1,1)
            time.sleep(0.5)   # 右转 0.5 秒
            rr.stop( )
        else:
                    time.sleep(1)
```

4. 运行结果

打开终端机，运行 Python 程序。

```
$ python mobile_sensor.py
```

运行后，先将轮型机器人用手拿起来，不要让轮子触地。用手遮一下超音波传感器，看是否有下列功能。

（1）刚开始，轮型机器人向前进。

（2）用手遮一下超音波传感器。

（3）若距离小于 15 厘米，则轮型机器人停止，向后 1 秒，再向左转 0.5 秒，接着继续向前行。

（4）用手遮一下超音波传感器。

（5）若距离小于 15 厘米，则向右转 1 秒，接着继续向前行。

（6）用手遮一下超音波传感器。

（7）若距离小于 15 厘米，则轮型机器人向右转 0.5 秒，接着继续向前行。

第12章

Raspberry Pi 与 Arduino

12.1　简介

在第 11 章中以 RaspiRobot 兼容的驱动板来驱动轮型机器人运动。除了采用专用驱动板外，其实也可以采用 Arduino 控制板来驱动直流马达，所以下面来探讨如何让 Raspberry Pi 与 Arduino 控制板进行整合应用。

在开发项目时，若需要网络联机或图形用户接口，使用 Raspberry Pi 是一种很好的选择。但是 Raspberry Pi 的 GPIO 输出电压及电流不高，且不具有模拟输入界面，使 Raspberry Pi 在开发周边控制时有点受限。幸运的是，用户可以在 Raspberry Pi 中连接 Arduino，将 Arduino 当作 Raspberry Pi 的一个周边组件来解决 Raspberry Pi 周边控制受限的问题。

Arduino 与 Raspberry Pi 有点类似，都是小型单板计算机，但 Arduino 与 Raspberry Pi 还是有以下一些差异。

（1）Arduino 没有连接键盘、鼠标及屏幕的界面，但 Raspberry Pi 有。

（2）Arduino 只有 2KB 的内存，以及 32KB 的 Flash，而 Raspberry Pi 3 自带 1GB SDRAM，且 SD 卡的容量可以扩展。

（3）Arduino 的 CPU 只有 16MHz，而 Raspberry Pi 3 的 CPU 具有 1.2GHz 的规格。

看到这里，可能会觉得 Arduino 不如 Raspberry Pi，但 Arduino 的周边控制能力优于 Raspberry Pi。以 Arduino UNO 而言，它具有下列优点。

（1）Arduino 拥有 14 个数字输入 / 输出脚位，每个脚位可提供 40mA 的输出电流；而 Raspberry Pi 的数字输入 / 输出脚位，每个脚位只可提供 3mA 的输出电流。

（2）Arduino 有 6 个模拟输入脚，可以很容易地连接模拟传感器，但 Raspberry Pi 没有模拟输入脚。

（3）Arduino 有 6 个 PWM 输出脚，可以控制伺服马达。但 Raspberry Pi 真正只有一个硬件的 PWM 输出脚。

（4）Arduino 拥有为数众多的扩展板，如马达控制扩展板、各种类型的 LCD 扩展板。

12.2　在 Pi 中安装 Arduino IDE

用户可以在 Raspberry Pi 中安装 Arduino IDE。首先打开 Raspbian 操作系统的终端机，并输入下列指令。

```
$ sudo  apt-get  update
$ sudo  apt-get  install  arduino
```

其中，第一个指令确保用户有最新的套件列表，而第二个指令则会下载 Arduino 套件。

安装完成后，执行【Menu】→【Programming】→【Arudino IDE】命令，即可在 Raspberry Pi 操作系统中打开 Arduino IDE 程序，如图 12-1 所示。

图12-1　打开Arduino IDE

1. 连接 Raspberry Pi 与 Arduino

要使用 Arduino IDE 开发程序，首先要用一条 USB 线将 Raspberry Pi 与 Arduino 连接起来。连接后，还需要知道 Arduino 在 Raspberry Pi 中的串行端口名称，这需要一些步骤才能得知。

（1）先不连接 Arduino，查看 Linux 设备文件中的串行端口列表。

```
$ ls  /dev/tty*
```

（2）连接 Arduino，再查看一次 Linux 设备文件中的串行端口列表，查看有什么变化，注意看新建的串行端口，此即为 Arduino 的 USB 串行端口。如以下的示例中，可得知 Arduino 的串行端口名称为【/dev/ttyACM0】。

```
$ ls  /dev/tty*
/dev/ttyACM0
```

2. 查看 Arduino 连接的串行端口

用户也可以在 Raspberry Pi 中打开 Arduino IDE 程序，执行【Tools】→【Serial Port】命令来查看 Arduino 在 Raspberry Pi 中的串行端口名称，如图 12-2 所示，查看到的串行端口名称是【/dev/ttyACM0】。

图12-2　在Arduino IDE中查看串行端口

12.3　Pi 与 Arduino 串行传输

要让 Raspberry Pi 与 Arduino 通过串行端口通信，在 Arduino 端需要使用自带的 Serial 函数库，而在 Raspberry Pi 端，需要使用 Python 的 PySerial 串行端口通信模块。

1. 安装 PySerial

使用下列指令，在 Raspberry Pi 中安装 Serial 模块。

```
$ sudo apt-get install python-serial python3-serial
```

安装好后，即可以在 Raspberry Pi 中编写 Python 程序，来与 Arduino 进行串行端口传输。

2. 设备需求

（1）Arduino Uno × 1。

（2）Raspberry Pi × 1。

（3）USB 连接线 × 1。

3. 动作要求

（1）Arduino 与 Raspberry Pi 通过 USB 线相连接。

（2）Arduino 会将一个升序的数值 0~255，依序送到串行端口。

（3）Raspberry Pi 会通过串行端口，接收 Arduino 传来的数值，并会在 Python 控制面板中显示收到的数值。

4. Arduino 程序

打开 Raspberry Pi 3 中的 Arduino IDE，输入下列程序，并以"serial01.ino"文件名存档。输入完后，将其上传至 Arduino 开发板中。

```
void setup( ) {
  Serial.begin(9600);
}

void loop( ) {
  //将一个升序的数字列 0 ~ 255，依序送到串行端口。
  for (byte n = 0; n < 255; n++) {
    Serial.write(n);
    delay(50);
  }
}
```

5. Python 程序

打开 Python 2(IDLE)，输入下列程序，并以"serial01.py"文件名存档。

```
import serial
port = "/dev/ttyACM0"
```

```
# 打开 /dev/ttyACM0 串行端口
serialFromArduino = serial.Serial(port,9600)

# 清除串行端口输入
serialFromArduino.flushInput( )

while True:
    if (serialFromArduino.inWaiting( ) > 0):
        // 读取串行端口
        input = serialFromArduino.read(1)
        print(ord(input))
```

6. Python 程序说明

在 Python 程序中定义了通信端口 port。

```
port = "/dev/ttyACM0"
```

其中，【/dev/ttyACM0】是 12.2 节中所得知的 Arduino 通信端口。

程序中，用户判断在串行端口输入缓冲区中的字节数目是否大于 0，当字节数目大于 0 时，则读取 1 个字节的数据。

```
if (serialFromArduino.inWaiting( ) > 0):
        // 读取串行端口
        input = serialFromArduino.read(1)
        print(ord(input))
```

其中，虽然 Arduino 向 Python 程序传送的是数字，但 Python 程序在 read 后，得到的是这个数字在 ASCII 表中映射的字符，当 Arduino 传送 0~255 的数字过来后，Python 的 input 变量中所保存的会是 ASCII 表中所有的字符。而 ord( ) 函数，可用来将字符再转换为 ASCII 码。举例来说，若 Arduino 送来数字 97，Python 的 input 变量会保存字符【a】，而 ord("a")=97，所以最后 Python 会输出 97。

7. 运行结果

运行 Python 程序，可在 Python 控制面板中，输出 Arduino 传来的 0~255 的数值，如图 12-3 所示。

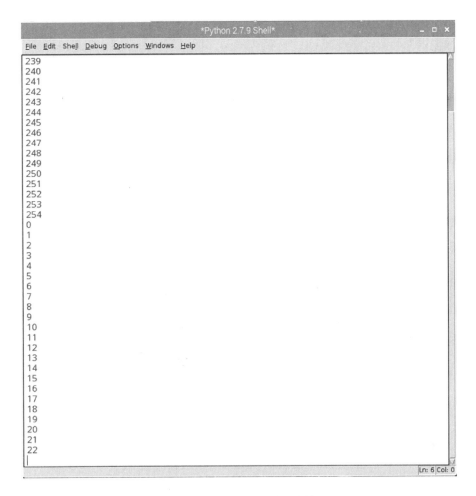

图12-3　Pi与Arduino串行传输

12.4　Arduino 序列传送模拟值给 Pi

本节要练习编写 Arduino 及 Python 程序，让 Arduino 可以通过串行端口，传送模拟值给 Raspberry Pi。

1. 设备需求

（1）Arduino Uno × 1。

（2）Raspberry Pi × 1。

（3）可变电阻 10kΩ × 1。

2. 动作要求

（1）Arduino 与 Raspberry Pi 通过 USB 线相连接。

（2）电位计的模拟输出，接至 Arduino 的 A0 脚。

（3）Arduino 会读取 A0 脚的模拟输入，并将模拟值送到串行端口。

（4）Raspberry Pi 会通过串行端口，接收 Arduino 传来的模拟值，并将其显示在 Python 控制面板中。

3. 面包板配置图

Raspberry Pi 3、Arduino 与电位计的面包板配置图如图 12-4 所示。

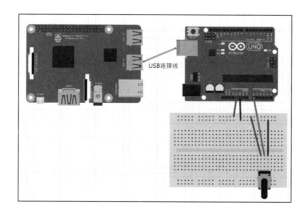

图12-4　Raspberry Pi 3、Arduino与电位计的面包板配置图

4. Arduino 程序

打开 Raspberry Pi 3 中的 Arduino IDE，输入下列程序，并以"serial02.ino"文件名存档。输入完后，将其上传至 Arduino 开发板中。

```
void setup( ) {
    Serial.begin(9600);
}

void loop( ) {
    // 读取 A0 模拟值
    int n = analogRead(A0);
    Serial.println(n, DEC);
    delay(1000);
}
```

5. Arduino 程序说明

在 Arduino 程序中用 println( ) 函数来传送数值。

```
Serial.println(n, DEC);
```

此函数会将数值以十进制方式转换为字符，并以 ASCII 码的方式传送。假设 Arduino 要传送数字 125，实际传送至串行端口的将是字符串【"125\r\n"】，其中【\r\n】表明归位换行。

6. Python 程序

打开 Python 2(IDLE)，输入下列程序，并以 "serial02.py" 文件名存档。

```
import serial

port = "/dev/ttyACM0"
# 创建串行端口对象
serialFromArduino = serial.Serial(port,9600)

# 清除串行端口输入
serialFromArduino.flushInput()

while True:
    # 读取 Arduino 送来的字符串
    input = serialFromArduino.readline()
    # 字符串转换为整数
    input_value= int(input)
    print(input_value)
```

7. Python 程序说明

在 Python 程序中使用 readline( ) 函数，来读取 Arduino 送来的字符串。

```
input = serialFromArduino.readline()
input_value= int(input)
```

readline( ) 函数会一次读入一行字符串，直到遇到【\r\n】为止。接着再使用 int( ) 函数，将读到的字符串转换为整数。

8. 运行结果

运行 Python 程序，结果如图 12-5 所示，会在 Python 控制面板中显示 Arduino 传来的电位计模拟值。旋转电位计，可以看到不同的模拟值。

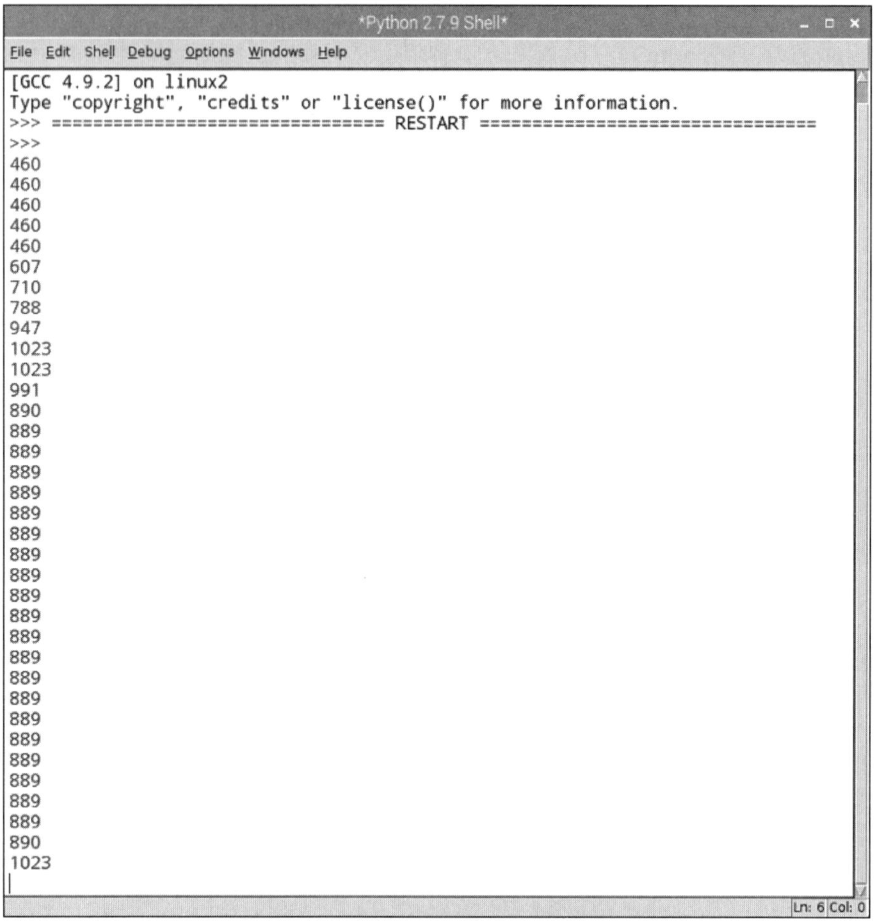

```
*Python 2.7.9 Shell*                                           _  □  ✕
File  Edit  Shell  Debug  Options  Windows  Help
[GCC 4.9.2] on linux2
Type "copyright", "credits" or "license()" for more information.
>>> ============================= RESTART =============================
>>>
460
460
460
460
460
607
710
788
947
1023
1023
991
890
889
889
889
889
889
889
889
889
889
889
889
889
889
889
889
889
889
889
889
889
889
889
889
890
1023
|
                                                              Ln: 6 Col: 0
```

图12-5　Arduino序列传送模拟值给Pi

12.5　Pi 与 Arduino 整合：使用 Firmata

前面的章节将 Arduino 与 Raspberry Pi 以 USB 线连接起来，进行基本的通信。而且需要定义协议 (protocols) 才能让 Arduino 与 Raspberry Pi 进行简单的数据传输。

有一种让 Arduino 与 Raspberry Pi 捆绑在一起的好方法，是使用 Firmata，它是一种简单易懂的通用序列协议。使用 Firmata，虽然无法完美应用于所有的应用程序，但却是一种不错的开始，它可以让 Arduino 成为 Raspberry Pi 的界面板，让 Raspberry Pi 很容易对 Arduino 进行周边控制。

12.6 使用 Firmata

要使用 Firmata，首先使用 USB 线连接 Arduino 与 Raspberry Pi，接着需要在 Arduino 中安装 Firmata 草稿，并在 Raspberry Pi 中安装 PyFirmata 函数库，说明如下。

1. Arduino 安装 Firmata

Arduino IDE 中包含有 Firmata，用户可以在启动 Arduino IDE 后，执行【 File 】→【 Examples 】→【 Firmata 】→【 StandardFirmata 】命令，取出 StandardFirmata 草稿，如图 12–6 所示。

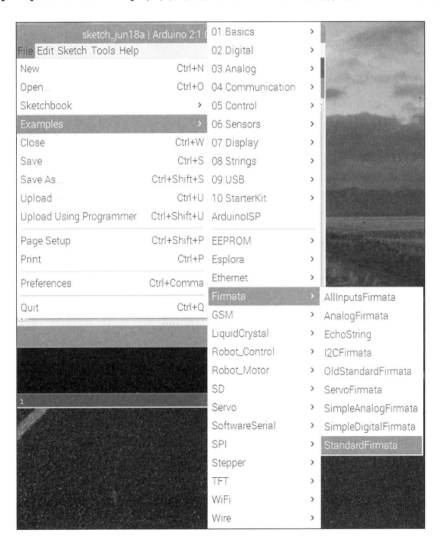

图12-6　打开StandardFirmata

打开 StandardFirmata 草稿后，将 StandardFirmata 上传至 Arduino 开发板中。

2. Raspberry Pi 安装 PyFirmata

接着要在 Raspberry Pi 中安装 PyFirmata 函数库，使其可以编写 Python 程序，来直接控制已安装 Firmata 的 Arduino 开发板。

下载及安装 PyFirmata 的指令为：

```
$ sudo pip install pyfirmata
```

3. 测试 PyFirmata

安装好 PyFirmata 后可以测试一下 PyFirmata 是否可以正常运行。确认已使用 USB 线连接 Arduino 与 Raspberry Pi，打开终端机，并输入下列指令，进入 Python 控制面板，来测试是否可以打开及关闭 Arduino 板上引脚 13 的 LED。

```
$ sudo python
>>> import pyfirmata
>>>board = pyfirmata.Arduino('/dev/ttyACM0')
>>> pin13 = board.get_pin('d:13:o')
>>>pin13.write(1)
>>>pin13.write(0)
>>>board.exit( )
```

在测试指令中，首先打开 Arduino 串行端口：

```
board = pyfirmata.Arduino('/dev/ttyACM0')
```

其中，【/dev/ttyACM0】是 Arduino 通过 USB 线连接至 Raspberry Pi 后的串行端口名称。接着指定想获取的 Arduino 引脚：

```
pin13 = board.get_pin('d:13:o')
```

其中，变量 pin13 表明 Arduino 引脚 13，并设置为数字输出。要控制 pin13 引脚的状态，可以使用 write 函数：

```
pin13.write(1)
```

其中，将 Arduino 引脚 13 的状态设置为 HIGH，此时 Arduino 引脚 13 的 LED 会亮。要离开 PyFirmata，可以使用 exit 函数：

```
board.exit( )
```

12.7 Pi 控制 Arduino 数字输出

本节要练习编写 Python 程序，使用 PyFirmata 函数库，让 Arduino 开发板上的 LED 闪烁。

1. 设备需求

（1）Arduino Uno × 1。

（2）Raspberry Pi × 1。

（3）USB 连接线 × 1。

2. 动作要求

（1）使用 USB 线连接 Arduino 与 Raspberry Pi。

（2）上传 StandardFirmata 草稿至 Arduino 开发板。

（3）编写 Python 程序，控制 Arduino 开发板上引脚 13 的 LED，以亮 1 秒、暗 1 秒方式闪烁。

3. Python 程序

打开 Python 2(IDLE)，输入下列程序，并以"serial03.py"文件名存档。

```python
import pyfirmata
from time import sleep

# 打开 Arduino 通信端口
board=pyfirmata.Arduino('/dev/ttyACM0')

# 获取 Arduino 引脚 13，数字输出
led_pin=board.get_pin('d:13:o')

# 使用递归线程来避免序列缓冲区发生溢出
it=pyfirmata.util.Iterator(board)
it.start( )

while True:
    #LED 亮
    led_pin.write(1)
    print("LED ON\n")
    sleep(1)
    #LED 暗
    led_pin.write(0)
    print("LED OFF\n")
    sleep(1)
```

4. Python 程序说明

在 Python 程序中使用下列指令来启动一个递归线程：

```
it=pyfirmata.util.Iterator(board)
it.start( )
```

线程启动后，会读取及处理串行端口上的数据，更新 Arduino 引脚状态，并避免序列缓冲区发生溢出。

5. 运行结果

运行 Python 程序后，可以看到 Arduino 开发板上的 LED，会以亮 1 秒、暗 1 秒的方式闪烁，而 Python 控制面板也可以看到【LED ON】【LED OFF】的消息，如图 12-7 所示。

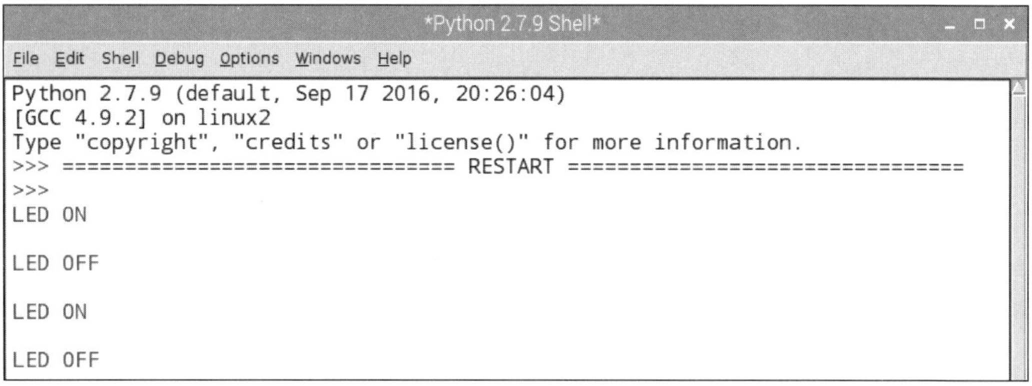

```
*Python 2.7.9 Shell*                                            _  □  ✕
File  Edit  Shell  Debug  Options  Windows  Help
Python 2.7.9 (default, Sep 17 2016, 20:26:04)
[GCC 4.9.2] on linux2
Type "copyright", "credits" or "license()" for more information.
>>> =============================== RESTART ===============================
>>>
LED ON

LED OFF

LED ON

LED OFF
```

图12-7　Pi控制Arduino的LED

12.8　Pi 读取 Arduino 数字输入

本节要练习编写 Python 程序，使用 PyFirmata 函数库来读取 Arduino 开发板上的按键值，并控制 LED 的亮与暗。

1. 设备需求

（1）Arduino Uno × 1。

（2）Raspberry Pi × 1。

（3）按键 ×1。

（4）10kΩ 电阻 ×1。

（5）LED ×1。

（6）220Ω 电阻 ×1。

2. 动作要求

（1）使用 USB 线连接 Arduino 与 Raspberry Pi。

（2）按键串接 10kΩ 电阻，采用正向逻辑输入，接至 Arduino 的引脚 4。

（3）LED 串接 220Ω 电阻，输出接至 Arduino 的引脚 10。

（4）上传 StandardFirmata 草稿至 Arduino 开发板。

（5）编写 Python 程序，读取 Arduino 开发板上的按键，若按键按一下，LED 亮，按键再按一下，LED 暗。

3. 面包板配置图

本示例的 Arduino 面包板配置图如图 12-8 所示。

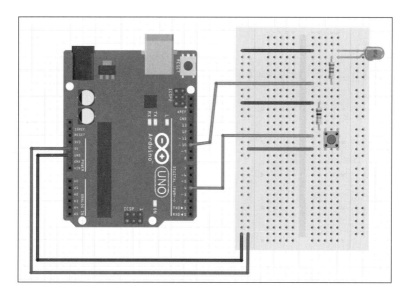

图12-8　Arduino数字输入面包板配置图

4. Python 程序

打开 Python 2(IDLE)，输入下列程序，并以 "serial04.py" 文件名存档。

```python
import pyfirmata
import time

# 打开 Arduino 通信端口
board=pyfirmata.Arduino('/dev/ttyACM0')

# Arduino 第 10 脚数字输出
led_pin=board.get_pin('d:10:o')
# Arduino 第 4 脚数字输入
switch_pin=board.get_pin('d:4:i')

#LED ON/OFF 标志
myFlag=1

# 使用递归线程来避免序列缓冲区发生溢出
it=pyfirmata.util.Iterator(board)
it.start( )

# 设置 switch_pin 报告数值
switch_pin.enable_reporting( )

print("Begin to read...\n")

while True:
    # 读取按键值
    input_state=switch_pin.read( )

    if input_state == True:
        # 按键按下
        print("Button Pressed\n")
        if myFlag==1:
                #LED 亮
            led_pin.write(1)
            print("LED ON\n")
        else:
                #LED 暗
            led_pin.write(0)
            print("LED OFF\n")

        # 变更 Flag 状态, 1 变为 0, 0 变为 1
        myFlag = 1-myFlag

    time.sleep(0.2)  # sleep 0.2 秒
```

5. 运行结果

运行 Python 程序后，当出现【Begin to read⋯】消息时，可以按一下按键，此时 Arduino 连接的 LED 会亮，且会输出【Button Pressed】及【LED ON】的消息；再按一下按键，Arduino 连接的 LED 会暗，且会输出【Button Pressed】及【LED OFF】的消息，如图 12-9 所示。

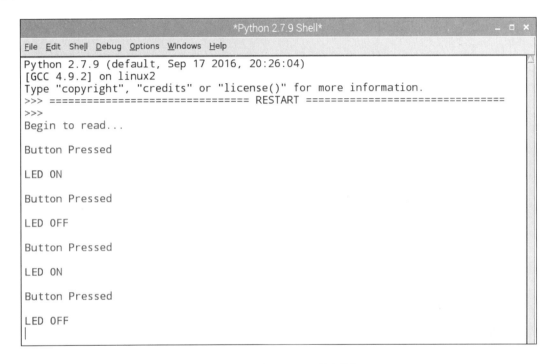

图12-9　Pi读取Arduino数字输入

12.9　Pi 读取 Arduino 的模拟输入

本节要练习编写 Python 程序，使用 PyFirmata 函数库来读取 Arduino 开发板上的电位计模拟值及电压值。

1. 设备需求

（1）Arduino Uno × 1。

（2）Raspberry Pi × 1。

（3）10kΩ 可变电阻 × 1。

2. 动作要求

（1）使用 USB 线连接 Arduino 与 Raspberry Pi。

（2）已上传 StandardFirmata 草稿至 Arduino 开发板。

（3）电位计输出，接至 Arduino 板的 A0 引脚。

（4）编写 Python 程序，读取 Arduino 开发板的电位计模拟值及电压值，并显示在 Python 控制面板上。

3. 面包板接线图

本示例的 Arduino 面包板接线图如图 12-10 所示。

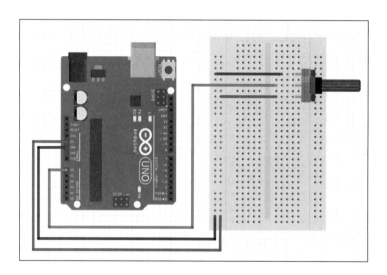

图12-10　Arduino模拟输入面包板配置图

4. Python 程序

打开 Python 2(IDLE)，输入下列程序，并以 "serial05.py" 文件名存档。

```
import pyfirmata
import time

board=pyfirmata.Arduino('/dev/ttyACM0')

#Arduino 的 A0 引脚
analog_pin=board.get_pin('a:0:i')
```

```
# 使用递归线程来避免序列缓冲区发生溢出
it=pyfirmata.util.Iterator(board)
it.start( )

# 设置 analog_pin 报告数值
analog_pin.enable_reporting( )

while True:
    # 读取 Arduino A0 模拟值
    reading=analog_pin.read( )
    if reading != None:
        # 转成电压值
        voltage=reading*5.0
        # 输出模拟值及电压值
    print("Reading=%0.2f\tVoltage=%0.2f" %(reading,voltage))
    time.sleep(1)  # sleep 1 秒
```

5. 运行结果

Python 程序运行后，可以看到 Arduino 连接的电位计当前的模拟值及电压值，如图 12-11 所示。旋转电位计，可以看到不同的模拟值及电压值。

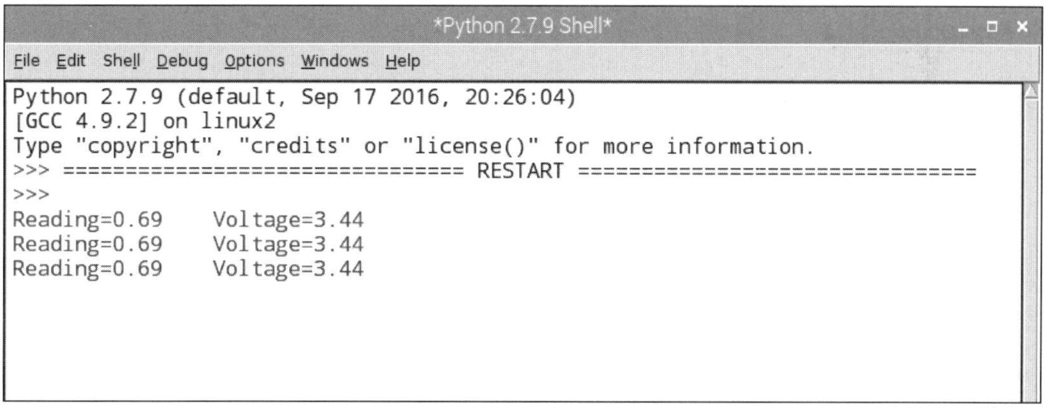

```
*Python 2.7.9 Shell*                                    _ □ ✕
File  Edit  Shell  Debug  Options  Windows  Help
Python 2.7.9 (default, Sep 17 2016, 20:26:04)
[GCC 4.9.2] on linux2
Type "copyright", "credits" or "license()" for more information.
>>> ============================= RESTART =============================
>>>
Reading=0.69      Voltage=3.44
Reading=0.69      Voltage=3.44
Reading=0.69      Voltage=3.44
```

图12-11　Pi读取Arduino类别输入

12.10　Pi 控制 Arduino PWM 输出

本节要练习编写 Python 程序，使用 PyFirmata 函数库，以线程方式控制 Arduino 开发板上的 LED 闪烁，并可以要求使用者输入 PWM 数值，再以 PWM 方式控制 Arduino 开发板上 LED 的亮度。

1. 设备需求

（1）Arduino Uno × 1。

（2）Raspberry Pi × 1。

（3）LED × 1。

（4）220Ω 电阻 × 1。

2. 程序流程

（1）使用 USB 线连接 Arduino 与 Raspberry Pi。

（2）已上传 StandardFirmata 草稿至 Arduino 开发板。

（3）LED 输出接至 Arduino 的引脚 10。

（4）编写程序，以线程方式控制 Arduino 引脚 13 的 LED，以亮 1 秒、暗 1 秒的方式闪烁。

（5）LED 闪烁的同时，会要求使用者输入 PWM 数值，输入完成会以 PWM 方式控制 Arduino 引脚 10 的 LED 亮度。

3. 面包板接线图

本示例的 Arduino 面包板接线图如图 12-12 所示。

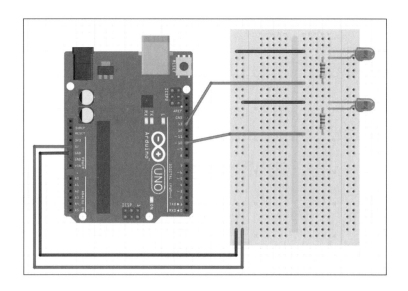

图12-12　Arduino PWM输出面包板配置图

4. Python 程序

打开 Python 2(IDLE)，输入下列程序，并以 "serial06.py" 文件名存档。

```python
import pyfirmata
import threading
import time

# 打开 Arduino 串行端口
board=pyfirmata.Arduino('/dev/ttyACM0')

#Arduino 第 13 脚为数字输出
led_pin=board.get_pin('d:13:o')
#Arduino 第 10 脚为 PWM 输出
pwm_pin=board.get_pin('d:10:p')

# 使用递归线程来避免序列缓冲区发生溢出
it=pyfirmata.util.Iterator(board)
it.start( )

# 线程函数
def led_flash( ):
    while True:
        led_pin.write(1)    #LED 亮
        time.sleep(1)
        led_pin.write(0)    #LED 暗
        time.sleep(1)

# 启动线程，让 Arduino 引脚 13 的 LED 闪烁
t1=threading.Thread(target=led_flash)
t1.start( )

while True:
    # 要求用户输入 PWM 值，读取后为字符串变量
    duty_s=raw_input("Enter Brightness(0 to 100):")
    # 将 PWM 字符串转为数值
    duty=int(duty_s)
    # 将 PWM 数值输出至 Arduino 引脚 10 的 LED
    pwm_pin.write(duty/100.0)
```

5. 运行结果

运行 Python 后，可以看到 Arduino 板上，引脚 13 的 LED 会以亮 1 秒、暗 1 秒的方式进行闪烁。

同时 Python 控制面板会要求使用者输入 PWM 数值，并会将 PWM 数值输出至 Arduino 开发板，控制 Arduino 引脚 10 的 LED 亮度，如图 12–13 所示。

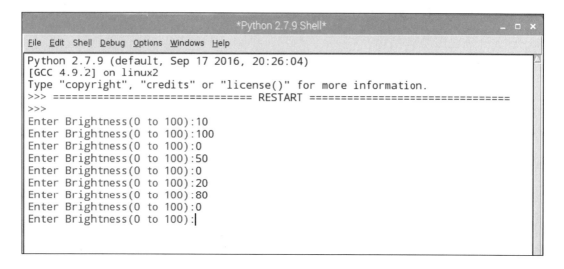

图12-13　Pi控制Arduino PWM输出

第13章

OpenCV 简介

13.1　简介

OpenCV 的全称是 Open Source Computer Vision Library，是一个跨平台的计算机视觉库。OpenCV 是由英特尔公司发起并参与开发的，以 BSD 授权条款授权发行，可以在商业和研究领域中免费使用。OpenCV 可用于开发实时的图像处理、计算机视觉及模式识别程序，当前已应用于人机交互、脸部辨识、动作辨识、运动跟踪等领域。

下面要说明如何在 Raspberry Pi 3 中安装 OpenCV 函数库，并练习编写 Python 程序，以 OpenCV 函数库来进行基本的图像处理，这将有助于用户对计算机视觉技术的了解。

13.2　安装 OpenCV

要在 Raspberry Pi 3 中安装 OpenCV，首先打开终端机，输入表 13-1 所示的指令。

表13-1　安装OpenCV指令表

步骤	说明
$ sudo　apt-get　update	更新套件数据库
$ sudo　apt-get　install　build-essential	构建OpenCV的必要函数库
$ sudo　apt-get　install　libavformat-dev	用来编码及译码音源及视频串流
$ sudo　apt-get　install　libcv2.4 libcvaux2.4　libhighgui2.4	基本OpenCV函数库
$ sudo　apt-get　install　python-opencv	针对OpenCV的Python开发工具
$ sudo　apt-get　install　opencv-doc	OpenCV文件

安装完 OpenCV 后，在终端机中输入 Python 程序，进入 Python 解释器环境，并试着导入 OpenCV 函数库。

```
$ python
>>> import cv2
```

若没有出现任何错误消息，表明 OpenCV 安装完成。可以使用下列指令来查看当前导入的 OpenCV 函数库的版本。

```
>>>cv2.__version__
'2.4.9.1'
```

整个测试过程如图 13-1 所示。

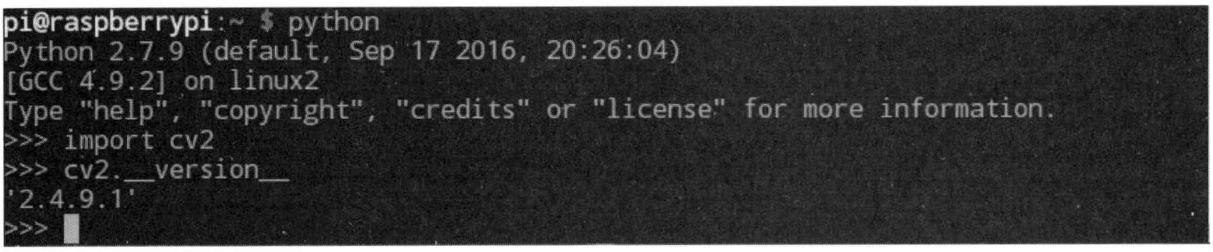

```
pi@raspberrypi:~ $ python
Python 2.7.9 (default, Sep 17 2016, 20:26:04)
[GCC 4.9.2] on linux2
Type "help", "copyright", "credits" or "license" for more information.
>>> import cv2
>>> cv2.__version__
'2.4.9.1'
>>>
```

图13-1　测试OpenCV是否安装成功

13.3　OpenCV 基本操作

1. 读取影像

导入 OpenCV 函数库后，若要读取图像文件，可以使用【cv2.imread】语法。

影像变量 = cv2.imread(图像文件路径 [, 读取标志])

其中读取的目标值可以是以下几种。

（1）cv2.IMREAD_COLOR：读取彩色影像，其值为 1，为默认值。

（2）cv2.IMREAD_GRAYSCALE：以灰阶模式读取影像，其值为 0。

（3）cv2.IMREAD_UNCHANGE：以影像原始模式读取影像，其值为 –1。

例如，若用户要读取 images 目录下的 girl.jpg，语法为：

```
img = cv2.imread("./images/girl.jpg")
```

其中没有加入读取标志，表明要读取彩色影像。

2. 显示影像

在窗口中显示影像的语法为：

```
cv2.imshow( 窗口名称 , 影像变量 )
```

例如，若将 img 影像变量显示在名称为 "Image" 的窗口中，语法为：

```
cv2.imshow("Image", img)
```

为了让用户可以观看显示的影像，通常会在影像显示后加入等待一段时间，直到使用者按任意键或时间到，才继续运行程序，语法为：

```
cv2.waitKey(n)
```

其中，*n* 为等待时间，单位为毫秒，若 *n* 为 0，表明时间为无限长。

3. 关闭窗口

窗口不再使用，可将其关闭。关闭窗口有两种方式，一种是关闭指定名称的窗口，语法为：

```
cv2.destroyWinodw(窗口名称)
```

另一种是关闭所有打开的窗口，语法为：

```
cv2.destroyAllWindows()
```

4. 示例：cv01.py

以下的程序示例，运行后会读取影像，显示影像，按任意键后，会关闭打开的窗口。

```python
import cv2
img = cv2.imread('./images/girl.jpg')  # 获取影像

cv2.imshow('img01', img)   # 显示影像

cv2.waitKey(0)  # 等待按键
cv2.destroyWindow('img01')  # 关闭窗口
```

此示例运行结果如图 13-2 所示。

图13-2　读取及显示影像

5. 存储影像

影像经过 OpenCV 处理后可以存盘，语法为：

```
cv2.imwrite(存盘路径，影像变量，[，存盘标志])
```

其中存盘标志可以是以下几种。

（1）cv2.CV_IMWRITE_JPEG_QUALITY：设置 jpg 格式的存盘质量，其值可以是 0~100，数值越大表明质量越高，默认值为 95。

（2）cv2.CV_IMWRITE_WEBP_QUALITY：设置 WebP 格式的存盘质量，其值可以是 0~100。

（3）cv2.CV_IMWRITE_PNG_COMPRESSION：设置 png 格式的压缩比，其值可以是 0~9，数值越大表明压缩比越大，默认值为 3。

13.4　色彩空间转换

OpenCV 可以让影像在不同色彩空间中转换。当 OpenCV 使用 imread( ) 读取图像文件时，存储的色彩空间不是熟知的红蓝绿"RGB"，而是"BGR"。此时若要进行不同色彩空间的转换，语法为：

```
cvtColor(输入影像，色彩空间转换)
```

例如，若将读取的影像转成灰阶，语法为：

```
cv2.cvtColor(img, cv2.COLOR_BGR2GRAY)
```

1. 示例：cv02.py

以下的程序示例会读取影像，转为灰阶后再将其存储起来。

```
import cv2
img = cv2.imread('./images/girl.jpg')  # 获取影像
gray_img = cv2.cvtColor(img, cv2.COLOR_BGR2GRAY)  # 转为灰阶
cv2.imshow('img01_gray', gray_img)  # 显示影像

cv2.imwrite('./images/img01_gray.jpg', gray_img)  # 存档
```

```
cv2.waitKey(0)
cv2.destroyWindows('img01_gray')
```

此示例的运行结果如图 13-3 所示。

图13-3　将彩色影像转为灰阶

2. BGR 转为 HSV

若要将 BGR 色彩空间转换为 HSV 色彩空间，语法为：

```
hsv_img = cv2.cvtColor(img, cv2.COLOR_BGR2HSV)
```

其中，【hsv_img】是一个三维数组，维度分别是影像的行数、列数及色彩信道数。色彩信道数又分为 3 个信道，分别是 H 信道、S 信道、V 信道。用户可以在显示影像时，分别显示这 3 个信道，语法为：

```
cv2.imshow('H channel', hsv_img[:, :, 0])  # 显示 H 信道
cv2.imshow('S channel', hsv_img[:, :, 1])  # 显示 S 信道
cv2.imshow('V channel', hsv_img[:, :, 2])  # 显示 V 信道
```

3. 示例：cv03.py

以下的程序示例，会将彩色影像转换为 HSV 影像，并会分别显示 H 信道、S 信道及 V 信道的影像。

```
import cv2
import numpy

img = cv2.imread('./images/girl.jpg')

hsv_img=cv2.cvtColor(img, cv2.COLOR_BGR2HSV)  # 转为 HSV

cv2.imshow('H channel', hsv_img[:, :, 0])   # 显示 H 信道
cv2.imshow('S channel', hsv_img[:, :, 1])   # 显示 S 信道
cv2.imshow('V channel', hsv_img[:, :, 2])   # 显示 V 信道

cv2.waitKey(0)
cv2.destroyAllWindows( )
```

4. 程序运行

程序的运行结果如图 13-4 ~ 图 13-6 所示。

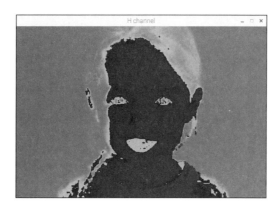

图13-4　H信道影像

图13-5　S信道影像

197

图13-6　V信道影像

13.5　影像平移

1. 变换矩阵

变换矩阵是数学线性代数中的一个概念。在线性代数中，线性变换可以用矩阵表明。如果 T 是一个把 R^n 映射到的 R^m 线性变换，且 x 是一个具有 n 个元素的列向量，若

$$T(x) = Ax$$

则 $m \times n$ 的矩阵 A，称为 T 的变换矩阵。

在二维影像中，最常用的几何变换都是线性变换，包含影像的平移、旋转、缩放、反射及正投影，皆是线性变换的应用。

2. 影像平移变换矩阵

影像平移即是加减影像的 x 及 y 坐标值。它的变换矩阵如下。

$$A = \begin{bmatrix} 1 & 0 & t_x \\ 0 & 1 & t_y \end{bmatrix}$$

其中 t_x, t_y 即是影像的位移值。它会将影像往右移 t_x 像素，往下移 t_y 像素。

3. 示例：cv04.py

若希望影像往右移 70 像素、往下移 110 像素，程序代码为：

```
import cv2
import numpy as np

img=cv2.imread('images/scape.jpg')

num_rows, num_cols = img.shape[:2]  # 获取影像的行数、列数

matrix = np.float32([[1,0,70],[0,1,110]])  # 平移变换矩阵

# 运行变换
img2=cv2.warpAffine(img, matrix, (num_cols+140, num_rows+220))

cv2.imshow('Translation', img2)  # 显示结果影像

cv2.waitKey(0)
cv2.destroyAllWindows( )
```

4. 程序说明

在示例程序中，用户使用了 warpAffine( ) 函数来运行变换。

```
img_translation2=cv2.warpAffine(img, translation_matrix, (num_
cols+140, num_rows+220))
```

其中，函数的参数说明如下。

（1）img：输入影像。

（2）translation_matrix：变换矩阵。

（3）(num_cols+140, num_rows+220)：
warpAffine( ) 函数的第 3 个参数，是结果影像的
行数及列数。由于平移后的影像，其行数及列数
与原先的影像相同，因此平移后会有截图的现象。
为改进这个现象，增加了结果影像的行数及列数，
如此即可看到位移后的完整影像，且可以在影像
的四周留有黑色的框框。

5. 程序运行

此示例的运行结果如图 13-7 所示。

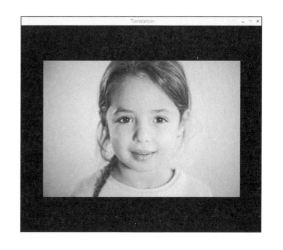

图13-7　影像平移

13.6 影像旋转

1. 变换矩阵

若要让影像绕原点逆时针旋转 θ 度角，它的变换矩阵如下。

$$A=\begin{bmatrix} \cos\theta & -\sin\theta \\ \sin\theta & \cos\theta \end{bmatrix}$$

2. getRotationMatrix2D 函数

影像旋转的变换矩阵只能做旋转，不能缩放比例，且计算时 θ 需转为径度值，所以 OpenCV 提供了近似的函数 getRotationMatrix2D( )，让用户可以指定影像的旋转点、旋转角度（单位为度），以及放大、缩小比例。此函数的语法为：

```
getRotationMatrix2D( center, angle, scale)
```

（1）center：输入影像的旋转中心。

（2）angle：旋转角度，正值代表顺时针旋转，左上角设为原点。

（3）scale：放大比率。

3. 示例: cv05.py

若用户希望影像以中心为旋转点，旋转 60 度，程序代码为：

```python
import cv2
import numpy as np

img=cv2.imread('./images/girl.jpg')   # 获取影像

num_rows, num_cols = img.shape[:2]  # 获取影像的行数、列数

# 先进行平移，向右移影像列数的一半，向下移影像行数的一半
matrix=np.float32([[1,0,int(num_cols*0.5)],[0,1,int(num_rows*0.5)]])

# 平移运算，结果影像的大小为原影像的 2 倍
img2=cv2.warpAffine(img,matrix,(num_cols*2,num_rows*2))

# 旋转的变换矩阵，平移运算后，旋转中心为原本影像的（列数，行数）
matrix=cv2.getRotationMatrix2D((num_cols, num_rows),60,1)
```

```
# 旋转运算，结果影像的大小为原影像的 2 倍，避免截图现象
img3=cv2.warpAffine(img2, matrix, (num_cols*2, num_rows*2))

cv2.imshow('Rotation', img3)  # 显示结果影像

cv2.waitKey(0)
cv2.destroyAllWindows()
```

此示例的运行结果如图 13-8 所示。

图13-8　影像旋转

13.7　影像放大与缩小

1. 缩放变换矩阵

若要进行影像的缩放，其变换矩阵如下。

$$A = \begin{bmatrix} s_x & 0 \\ 0 & s_y \end{bmatrix}$$

其中 s_x, s_y 为缩放比例。

2. resize 函数

如果只是单纯的影像缩小、放大，没有任何的旋转、平移或映射，OpenCV 的 resize( ) 函

数更易使用，且花费时间更少。

```
resize(src, None, fx=0, fy=0, interpolation=INTER_LINEAR)
```

（1）src：输入影像。

（2）fx：水平缩放比率。

（3）fy：垂直缩放比率。

（4）interpolation：内插方式。

内插方式有以下几种可选。

（1）CV_INTER_NEAREST：最邻近插点法。

（2）CV_INTER_LINEAR：双线性插补 (默认)。

（3）CV_INTER_AREA：临域像素再取样插补。

（4）CV_INTER_CUBIC：双立方插补，4 像素 ×4 像素大小的补点。

（5）CV_INTER_LANCZOS4：Lanczos 插补，8 像素 ×8 像素大小的补点。

当缩小影像时，使用 CV_INTER_AREA 会有比较好的效果，当放大影像时，CV_INTER_CUBIC 会有最好的效果，但是计算花费时间较多，而使用 CV_INTER_LINEAR 能在影像质量和花费时间上获取不错的平衡。

3. 示例：cv06.py

若想将影像放大 1.2 倍，程序代码为：

```python
import cv2
import numpy as np

img=cv2.imread('./images/girl.jpg')   # 获取影像

# 放大 1.2 倍，内插方式不同
img2=cv2.resize(img, None, fx=1.2,fy=1.2, interpolation=cv2.INTER_
LINEAR)
img3=cv2.resize(img, None, fx=1.2,fy=1.2, interpolation=cv2.INTER_
CUBIC)

cv2.imshow('Scaling-Linear', img2)
cv2.imshow('Scaling-Cubic', img3)

cv2.waitKey(0)
cv2.destroyAllWindows( )
```

程序运行结果如图 13-9 所示。左边为使用 cv2.INTR_LINEAR 的效果，右边为使用 cv2.INTR_CUBIC 的效果，可以看到，使用 cv2.INTR_CUBIC 可改善放大影像的质量。

图13-9　影像放大

13.8　仿射变换

仿射变换不是线性变换，它是由一个线性变换加上一个平移所构成的。即

$$T(x) = Ax + b$$

其中，b 是一个具有 n 个元素的列向量。

1. getAffineTransform 函数

用户可以在原始影像中选择 3 个控制点，并将其仿射至目的影像。OpenCV 的 getAffineTransform( ) 函数，可以让用户获取仿射变换的变换矩阵。语法为：

```
getAffineTransform(src, dst)
```

（1）src：包含 3 个点的数组。

（2）dst：包含 3 个点的数组。

dst 和 src 的点需要是相对的，也就是 src[0] 变换后的点为 dst[0]，src[1] 变换后的点为 dst[1]。

2. 示例：cv07.py

用户需要选择 3 个控制点来运行仿射变换。本示例选取的控制点如图 13-10 所示。

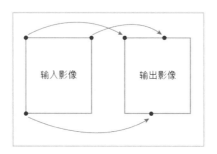

图13-10 选取仿射变换控制点

```
import cv2
import numpy as np

img=cv2.imread('./images/girl.jpg')

rows,cols=img.shape[:2]

# 影像的左上角、右上角、左下角
src=np.float32([[0,0],[cols-1,0],[0,rows-1]])

# 影像的左上角、上60%的点、下40%的点
des=np.float32([[0,0],[int(0.6*(cols-1)),0],[int(0.4*(cols-
1)),rows-1]])

matrix=cv2.getAffineTransform(src,des)   # 获取仿射变换矩阵
img2=cv2.warpAffine(img,matrix,(cols,rows))   # 仿射变换运算

cv2.imshow('Affine',img2)   # 显示结果影像

cv2.waitKey(0)
cv2.destroyAllWindows()
```

此示例运行的结果如图 13-11 所示。

图13-11 仿射变换

13.9 投影变换

仿射变换虽然不错，但有一定的限制。投影变换可以给使用者更多的自由。要了解投影变换，需要了解投影变换是如何工作的。投影变换是当视角改变时，影像会发生什么事的一种描述。例如，假设使用者站立在一张纸的前面，并且在纸上画了一个正方形，那么正方形看起来就像一个正方形。当开始倾斜那张纸时，使用者会看见正方形越来越像梯形。投影变换让使用者以一种很好的数学方式来捕捉这种动态。

投影变换有时也称为单应性（Homography）。若以相机拍摄场景来理解，是指两台相机拍摄同一场景，但两台相机之间只有旋转角度的不同，没有任何位移，则这两台相机之间的关系称为单应性。

通过投影变换，用户可以将平面上两个具单应性的影像，变换成任何的影像。这可以有很多的应用，如扩增实境、影像校正，或是计算两个影像之间的相机运动。更进一步，若用户可以提取单应性矩阵中的相机旋转和平移消息，就可以将该消息应用在导航，或者将 3D 对象的模型插入影像或视频中。

1. getPerspectiveTransform 函数

用户可以在原始影像中选择 4 个控制点，并将其镜像至目的影像。也可以使用 OpenCV 的 getPerspectiveTransform( ) 函数来获取变换矩阵。

```
getPerspectiveTransform(src, dst)
```

（1）src：包含 4 个点的数组。

（2）dst：包含 4 个点的数组。

dst 和 src 的点需要是相对的，也就是 src[0] 变换后的点为 dst[0]，src[1] 变换后的点为 dst[1]。

2. warpPerspective 函数

OpenCV 的 warpPerspective 函数可用来运行投影变换。

```
warpPerspective(src, Matrix, dsize)
```

（1）src：输入影像。

（2）Matrix：投影变换的变换矩阵。

（3）dsize：影像大小。

3. 示例：cv08.py

练习编写 Python 程序，在获取影像后取 4 个控制点，运行投影变换。

```python
import cv2
import numpy as np

img=cv2.imread('./images/girl.jpg')

rows,cols=img.shape[:2]

# 选取投影变换的 4 个点
src=np.float32([[0,0],[cols-1,0],[0,rows-1],[cols-1,rows-1]])
des=np.float32([[0,0],[cols-1,0],[int(0.4*(cols-1)),rows-
1],[int(0.6*cols-1),rows-1]])

# 获取投影变换的变换矩阵
matrix=cv2.getPerspectiveTransform(src,des)

# 运行投影变换
img2=cv2.warpPerspective(img,matrix,(cols,rows))

cv2.imshow('Affine',img2)

cv2.waitKey(0)
cv2.destroyAllWindows()
```

此示例的运行结果如图 13-12 所示。

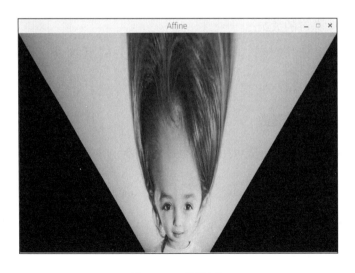

图13-12 投影变换

13.10　2D 卷积

卷积是图像处理的基本操作。用户可以在影像的每一个像素应用数学运算，来改变像素的值。要应用数学运算，可以使用另一个矩阵，该矩阵称为核心矩阵。核心矩阵的大小通常比影像的大小小很多。

对于影像中的每个像素，用户将核心矩阵放在顶部，使得核心的中心与正在考虑的像素重合，如图 13-13 所示。接着将核心矩阵中的每个值与影像中的相对值相乘，再将其相加，得到一个新值。在输出影像时，将此值替代原本影像中该位置的像素。

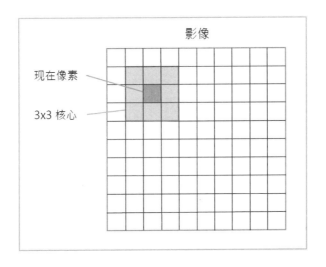

图13-13　2D卷积

核心矩阵也称为影像过滤器，根据核心矩阵中的值，它会运行不同的功能，如模糊、边缘检测等。最简单的核心矩阵就是单位核心矩阵。

$$I = \begin{bmatrix} 0 & 0 & 0 \\ 0 & 1 & 0 \\ 0 & 0 & 0 \end{bmatrix}$$

它并不会改变使用者的影像。

13.11　模糊化

模糊化是指对邻域内的像素值求平均值，也称为低通滤波。所谓低通滤波，是指允许低频率并阻止较高频率的滤波器。在影像中，频率指的是像素的变化率，所以尖锐的边缘可视为一种高频的内容，而低通滤波器将会试着平滑边缘。

一个 3×3 低通滤波器的核心如下。

$$L = \frac{1}{9} \begin{bmatrix} 1 & 1 & 1 \\ 1 & 1 & 1 \\ 1 & 1 & 1 \end{bmatrix}$$

增加核心的大小，将在较大的区域进行平均化，这样会增加平滑效果。

示例：cv11.py

若想以 3×3 及 5×5 低通滤波器来平滑影像，程序代码为：

```python
import cv2
import numpy as np

img=cv2.imread('./images/train.jpg')

rows,cols=img.shape[:2]

kernel_3x3=np.ones((3,3),np.float32)/9.0
kernel_5x5=np.ones((5,5),np.float32)/25.0

img2=cv2.filter2D(img, -1, kernel_3x3)  # 3×3 低通滤波
img3=cv2.filter2D(img, -1, kernel_5x5)  # 5×5 低通滤波

cv2.imshow('3x3 filter', img2)
cv2.imshow('5x5 filter', img3)

cv2.waitKey(0)
cv2.destroyAllWindows( )
```

程序运行结果如图 13-14 所示。左边是 3×3 的低通滤波，右边是 5×5 的低通滤波，可以看到，低通滤波的矩阵大小越大，影像越模糊。

图13-14　影像模糊

13.12　边缘检测

边缘检测的过程包括检测图像中的尖锐边缘，并生成二进制影像作为输出。边缘检测可视为是一种高通滤波。高通滤波允许高频内容，阻止低频内容，而边缘就是一种高频的内容。

Sobel 是一种简易的边缘检测滤波。由于边缘会出现在水平及垂直的方向，因此 Sobel 有两个核心矩阵，一个用来检测水平方向，一个用来检测垂直方向。

$$S_x = \begin{bmatrix} -1 & 0 & 1 \\ -2 & 0 & 2 \\ -1 & 0 & 1 \end{bmatrix}$$

$$S_y = \begin{bmatrix} -1 & -2 & -1 \\ 0 & 0 & 0 \\ 1 & 2 & 1 \end{bmatrix}$$

1. Laplacian 滤波

Sobel 滤波只在水平或垂直方向上检测边缘，并没有给出所有边缘的总体视图。为了解决这个问题，可以使用 Laplacian 滤波器，语法为：

```
laplacian = cv2.Laplacian(img, cv2.CV_64F)
```

其中【cv2.CV_64F】是输出影像的深度。由于输入影像是 CV_8U，因此将输出影像的深度定义为【CV_16F】，以避免溢出。

2. Canny 边缘检测

在有些情况下，使用 Laplacian 滤波会在输出影像中出现很多的噪点。为解决这个问题，可以使用 Canny 边缘滤波器，语法为：

```
canny = cv2.Canny(img, threshold1, threshold2)
```

（1）img：输入影像。

（2）threshold1：低阈值。

（3）threshold1：高阈值。

Canny( ) 函数有两个参数来设置阈值，第二个参数称为低阈值，第三个参数称为高阈值。若影像像素的梯度值大于高阈值，Canny 边缘滤波会开始跟踪边缘，并进行编写程序，直到梯度值小于低阈值为止。在增加这些阈值时，可以将较弱的边忽略，此时输出影像将更干净、更细腻。

3. 示例: cv12.py

将获取的影像转为灰阶，进行 Sobel、Laplacian 及 Canny 边缘检测，比较这 3 种方法所生成的输出影像。

```python
import cv2
import numpy as np

# 获取影像，转为灰阶
img=cv2.imread('./images/geometry.png', cv2.IMREAD_GRAYSCALE)

rows,cols=img.shape[:2]    # 取出影像的行数及列数

# sobel 边缘检测
sobel_hor=cv2.Sobel(img, cv2.CV_64F, 1, 0, ksize=5)
sobel_ver=cv2.Sobel(img, cv2.CV_64F, 0, 1, ksize=5)

# laplacian 边缘检测
laplacian=cv2.Laplacian(img, cv2.CV_64F)

# canny 边缘检测
canny=cv2.Canny(img, 50, 240)

cv2.imshow('Sobel hor', sobel_hor)
cv2.imshow('Sobel ver', sobel_ver)
cv2.imshow('Laplacian', laplacian)
cv2.imshow('Canny', canny)

cv2.waitKey(0)
cv2.destroyAllWindows()
```

示例的运行结果如图 13-15 所示。上方是 Sobel 检测，左下方是 Laplacian 检测，而右下方是 Canny 检测。当影像的线条不是很复杂时，4 种边缘检测的运行结果皆可以处理得很好。

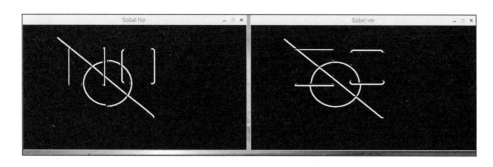

图13-15　边缘检测

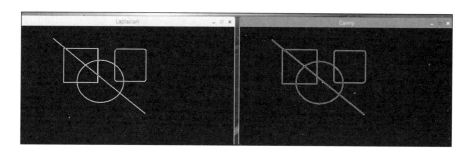

图13-15 边缘检测（续）

若用户将输入影像改为 train.jpg，当影像的线条很复杂时，4 种边缘检测的运行结果如图 13-16 所示。

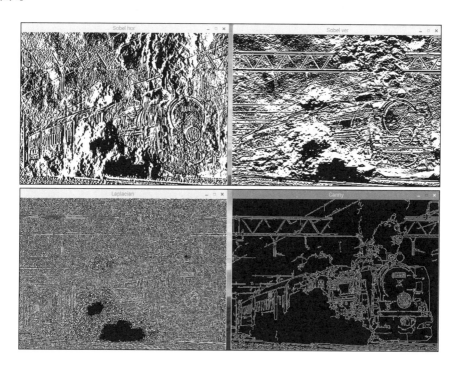

图13-16 边缘检测

从图 13-16 中注意到，当影像的线条复杂时，Sobel 及 Laplacian 边缘检测皆会生成很多噪点，而 Canny 边缘检测则表现得较为理想。

13.13 侵蚀和膨胀

侵蚀 (Erosion) 和膨胀 (dilation) 是形态影像的处理。形态图像处理主要涉及影像几何结构的改变。侵蚀基本上剥离了结构中最外层的像素，而膨胀则在结构上增加了一层额外的像素。

1. erode 函数

OpenCV 的 erode( ) 函数，可用来进行侵蚀处理。

```
erode(src, kernel, iterations=1)
```

（1）src：输入影像。

（2）kernel：核心矩阵，默认为 3×3 矩阵，矩阵越大侵蚀效果越明显。

（3）iterations：运行次数，默认为 1 次，运行次数越多侵蚀效果越明显。

2. dilate 函数

OpenCV 的 dilate( ) 函数，可用来进行膨胀处理。

```
dilate(src, kernel, iterations=1)
```

（1）src：输入影像。

（2）kernel：核心矩阵，默认为 3×3 矩阵，矩阵越大膨胀效果越明显。

（3）iterations：运行次数，默认为 1 次，运行次数越多膨胀效果越明显。

3. 示例：cv13.py

获取影像，先进行影像的反相，接着进行二次的膨胀运算，再进行一次的侵蚀运算。

```python
import cv2
import numpy as np

img=cv2.imread('./images/geometry.png')  # 获取影像

img2=cv2.bitwise_not(img)  # 影像反相

matrix=np.ones((5,5),np.uint8)

img_dilation=cv2.dilate(img2, matrix, iterations=2)  # 膨胀 2 次
img_erosion=cv2.erode(img_dilation, matrix, iterations=1)  # 侵蚀 1 次

cv2.imshow('Invert', img2)  # 显示反相影像
cv2.imshow('Erosion', img_erosion)  # 显示侵蚀影像
cv2.imshow('Dilation', img_dilation)  # 显示膨胀影像

cv2.waitKey(0)
cv2.destroyAllWindows( )
```

程序运行结果如图 13-17 所示。左上方是反相影像，左下方是膨胀运算两次后的影像，而右下方是侵蚀运算一次后的影像。

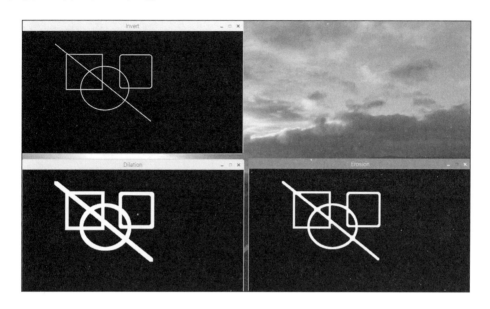

图13-17　侵蚀和膨胀

由图 13-17 可知，膨胀及侵蚀是针对影像中白色部分进行运算的，由于原始影像是在画图程序中以白底黑线画出的几何图，因此在程序中，先将原始影像转为黑底白线条，方便读者看出膨胀及侵蚀的效果。

第14章

OpenCV 人脸辨识

14.1　简介

要进行特定影像辨识，最重要的是要有辨识对象的特征文件，OpenCV 已自带脸部辨识特征文件，只要使用 OpenCV 的 Cascade Classifier 类别即可辨识脸部。

OpenCV 的脸部辨识特征文件放在哪里呢？用户可以先到 OpenCV 的官方网站找到想下载的 OpenCV 版本。

http://opencv.org/releases.html

以 Raspberry Pi 3 为例，当前所采用的版本为 2.4.9，所以找到网页中的 2.4.9 版本，如图 14-1 所示。

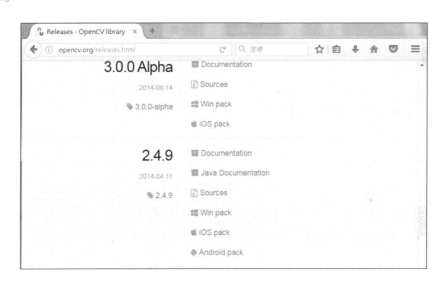

图14-1　OpenCV官方网站

在图 14-1 中，用户下载 Sources 压缩文件并解压后，可以在文件夹中发现 data 目录下有一个 haarcascades 活页夹，活页夹下保存了很多 xml 文件，这些都是采用 Haar 特征的阶层式分类器（Cascade Classfier）预先训练好的特征，有人脸检测的、眼睛检测的、smile 检测的、行人检测的等。

14.2　使用 Haar cascades 来检测事物

Haar特征的阶层式分类器(Cascade Classfier)活页夹下,保存了很多预先训练好的特征文件,这些特征文件由数百个相同对象的正样本来做训练（如脸部或车），并且将它们缩小成特定大小，如 20×20。另外也训练副样本，副样本则使用任意影像。在分类器被训练之后，它便可以被使用在与被训练样本相同大小的感兴趣区域（ROI）。当一个区域可能出现该物体时，分类器输出 1，否则输出 0。

现在的问题是，如何找到感兴趣的区域？如果要搜索整张图中的所有物体，则要让分类器以搜索窗口搜索整张图。但是 Harr 阶层式分类器有经过特殊设计，可以很容易地被缩小、放大来查找大小不一的目标对象，这比单纯缩放目标影像有效得多。

Haar 分类器之所以被称为阶层式（Cascade），是因为该分类器包含了数个较为简单的分类器，人们称之为关卡。每一个关卡中又使用了基于不同权重投票来设计的基本分类器。当候选物体通过层层关卡的过滤后，便认定其为目标物体。

14.3　积分影像

人脸检测使用 Haar 特征来辨别影像是否为人脸特征，然而若以一个像素或是一组像素慢慢找，速度实在太慢，为什么？因为必须扫描整张影像，而且影像中人脸的特征除了位置因素外，还有大小和形态等因素需要考虑。为了要达到实时的人脸检测，需要特殊计算方法才行，于是积分影像（Integral Image）这个计算方法就出现了！

为加快人脸辨识的速度，在计算 Haar 特征之前，通常都会将影像灰阶化，也就是去除任何彩色信息，只计算感兴趣区域的灰阶值。现在在灰阶图像文件中，从左上点往右下点拉出一个长方形蓝色区域，把蓝色区域中的灰阶值总和记录在右下点。然后不断地拉出不同长度的矩形，同时不断地将矩形区域内的灰阶值总和记录在右下点，就形成了积分影像，如图 14-2 所示。

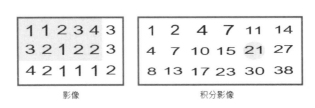

图14-2　影像与积分影像

在图 14-2 中，是一个 6×3 影像的示意图，左图为原始影像，每个数字代表灰阶值，右图则是经过运算后的积分影像。

使用积分影像有什么好处呢？它可以加快计算影像中某块区域的面积。举一个例子来说，考虑图 14-3 中的积分影像。

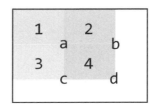

图14-3　计算区域4的面积

在图 14-3 中将灰阶影像分为 4 个区域：1、2、3、4，而 a、b、c、d 则是经运算后的积分影像值。由积分影像的定义得到下列的推论。

（1）a 点的积分值 =sum（区域 1 灰阶值）。

（2）b 点的积分值 =sum（区域 1 灰阶值）+sum（区域 2 灰阶值）。

（3）c 点的积分值 =sum（区域 1 灰阶值）+sum（区域 3 灰阶值）。

（4）d 点的积分值 =sum（区域 1 灰阶值）+sum（区域 2 灰阶值）+ sum（区域 3 灰阶值）+ sum（区域 4 灰阶值）。

现在，若已知 a、b、c、d 的积分值，那如何计算区域 4 的积分值？即 sum（区域 4 灰阶值）？由上述的推论可以得知。

（1）sum（区域 1 灰阶值）=a。

（2）sum（区域 2 灰阶值）=b - a。

（3）sum（区域 3 灰阶值）=c - a。

（4）sum（区域 4 灰阶值）=d+a - b - c。

所以，只要知道 a、b、c、d 的积分值，就可以很容易计算区域 4 的积分值。

由以上的讨论可知：要计算积分影像上的任意区域的灰阶总和，只要从左上点陆续往右下点找出某一区域，4 个角的积分值便能计算该区域的面积出来，采用此方法，就能快速计算出积分影像上各区域的积分值，然后应用于 Haar 特征计算。

可以了解到 Haar 特征的运算只需要在积分影像上对应的积分点进行几次简单的加法运算，便可以求出特征差异值，这也就是使用 Haar 作为特征计算能如此快速的原因。

14.4　人脸辨识

本节要练习编写 Python 程序，利用 OpenCV 函数库来进行人脸的辨识。

1. 动作要求

（1）装载 Cascade Classifier 人脸文件。

（2）读取一张影像。

（3）辨识人脸，若可以辨识成功，在人脸四周画出框框。

2. Python 程序：cv21.py

打开 Python 2(IDLE)，输入下列程序，并以"cv21.py"文件名存档。

```
import cv2

frame = cv2.imread('images/girl.jpg')  # 获取影像
gray = cv2.cvtColor(frame, cv2.COLOR_BGR2GRAY)  # 转为灰阶

# 创建 Cascade Classifier 对象
face_cascade =
cv2.CascadeClassifier('./cascade_files/haarcascade_frontalface_alt.
xml')

# 进行人脸辨识
face_rects = face_cascade.detectMultiScale(gray, scaleFactor=1.1,
minNeighbors=3)

for (x,y,w,h) in face_rects:
        cv2.rectangle(frame, (x,y), (x+w,y+h), (100,255,0), 2)  # 画矩
形框

cv2.imshow('Face Detector', frame)  # 显示影像

c = cv2.waitKey(0)
cv2.destroyAllWindows( )
```

3. 程序说明

在 OpenCV 中，创建 Cascade Classifier 对象的语法为：

```
face_cascade =
cv2.CascadeClassifier('./cascade_files/haarcascade_frontalface_alt.
xml')
```

其中指定加载人脸辨识档 haarcascade_frontalface_alt.xml。要辨识物体，可以使用

detectMultiScale( ) 函数。

```
face_rects = face_cascade.detectMultiScale(gray, scaleFactor=1.1,
minNeighbors=3)
```

其中，函数中的参数说明如下。

（1）gray：输入影像。

（2）scaleFactor：设置辨识区块大小。辨识时系统会以区块大小对图片扫描进行特征比对，默认值为 1.1。

（3）minNeighbors：此为控制误检率参数。系统以不同区块大小进行特征比对时，在不同区块中可能会多次成功获取特征，成功获取特征数需达到此参数设置值才算辨识成功，默认值为 3。

（4）minSize：设置最小辨识区块。

（5）maxSize：设置最大辨识区块。

detectMultiScale 函数可辨识图片中多张脸部，所以传回值是串行 List，串行元素是由脸部图形左上角 x 坐标、y 坐标、脸部宽度、脸部高度组成的元组。要在传回的每一张脸部图形加上矩形框，程序代码为：

```
for (x,y,w,h) in face_rects:
        cv2.rectangle(frame, (x,y), (x+w,y+h), (100,255,0), 2
```

其中，OpenCV 画距形的语法为：

```
cv2.rectangle(画布、起始点、结束点、颜色、宽度)
```

4. 程序运行

程序运行结果如图 14-4 所示。

图14-4　检测人脸

14.5　检测眼睛

本节要练习编写 Python 程序，利用 OpenCV 函数库进行人脸的眼睛辨识。

1. 动作要求

（1）加载 Cascade Classifier 辨识眼睛文件。

（2）读取一张图片。

（3）辨识人脸的眼睛，若可以辨识成功，在人脸的眼睛四周画出框框。

2. Python 程序：cv22.py

```
import cv2

frame = cv2.imread('images/girl.jpg')
gray = cv2.cvtColor(frame, cv2.COLOR_BGR2GRAY)

# 加载眼睛特征文件
face_cascade = cv2.CascadeClassifier('./cascade_files/haarcascade_eye.
xml')

face_rects = face_cascade.detectMultiScale(gray, 1.3, 5)

for (x,y,w,h) in face_rects:
        cv2.rectangle(frame, (x,y), (x+w,y+h), (100,255,0), 2)

cv2.imshow('Face Detector', frame)

c = cv2.waitKey(0)
cv2.destroyAllWindows()
```

3. 程序运行

程序运行结果如图 14-5 所示。

14.6　检测嘴巴

本节要练习编写 Python 程序，利用 OpenCV 函数

图14-5　检测眼睛

库进行人脸的嘴巴辨识。

1. 动作要求

（1）加载 Cascade Classifier 辨识嘴巴文件。

（2）读取一张影像。

（3）辨识人脸的嘴巴，若可以辨识成功，在人脸的嘴巴四周画出框框。

2. Python 程序：cv23.py

```python
import cv2

frame = cv2.imread('images/girl.jpg')
gray = cv2.cvtColor(frame, cv2.COLOR_BGR2GRAY)

# 加载嘴巴特征文件
face_cascade = cv2.CascadeClassifier('./cascade_files/haarcascade_mcs_mouth.xml')

face_rects = face_cascade.detectMultiScale(gray, 1.7, 11)

for (x,y,w,h) in face_rects:
        cv2.rectangle(frame, (x,y), (x+w,y+h), (100,255,0), 2)
        break

cv2.imshow('Face Detector', frame)

c = cv2.waitKey(0)
cv2.destroyAllWindows()
```

3. 程序运行

程序运行结果如图 14-6 所示。

图14-6　检测嘴巴

14.7　检测鼻子

本节要练习编写 Python 程序，利用 OpenCV 函数库进行人脸的鼻子辨识。

221

1. 动作要求

（1）加载 Cascade Classifier 鼻子文件。

（2）读取一张影像。

（3）辨识人脸的鼻子，若可以辨识成功，在人脸的鼻子四周画出框框。

2. Python 程序：cv24.py

```
import cv2

frame = cv2.imread('images/girl.jpg')
gray = cv2.cvtColor(frame, cv2.COLOR_BGR2GRAY)

# 加载鼻子特征文件
face_cascade = cv2.CascadeClassifier('./cascade_files/haarcascade_mcs_
nose.xml')

face_rects = face_cascade.detectMultiScale(gray, 1.1, 10)

for (x,y,w,h) in face_rects:
          cv2.rectangle(frame, (x,y), (x+w,y+h), (100,255,0), 2)

cv2.imshow('Face Detector', frame)

c = cv2.waitKey(0)
cv2.destroyAllWindows( )
```

3. 程序运行

程序的运行结果如图 14-7 所示。

图14-7 检测鼻子

14.8　检测耳朵

练习编写 Python 程序，可以利用 OpenCV 函数库进行人脸左右耳朵的辨识。在这个示例中要学习如何加载多个特征文件进行辨识。

1. 动作要求

（1）加载 Cascade Classifier 左耳文件。

（2）加载 Cascade Classifier 右耳文件。

（3）检测加载特征文件是否成功。

（4）读取一张影像。

（5）辨识左右耳朵，若可以辨识成功，在耳朵四周画出框框。

2. Python 程序: cv25.py

```python
import cv2
import numpy as np

# 加载左耳特征文件
left_ear_cascade = cv2.CascadeClassifier('./cascade_files/haarcascade_
mcs_leftear.xml')

# 加载右耳特征文件
right_ear_cascade = cv2.CascadeClassifier('./cascade_files/
haarcascade_mcs_rightear.xml')

# 检测是否加载成功
if left_ear_cascade.empty( ):
   raise IOError('Unable to load the left ear cascade classifier xml
file')

if right_ear_cascade.empty( ):
   raise IOError('Unable to load the right ear cascade classifier xml
file')

img = cv2.imread('ear.jpg')  # 获取影像

gray = cv2.cvtColor(img, cv2.COLOR_BGR2GRAY)
```

```
# 进行辨识
left_ear = left_ear_cascade.detectMultiScale(gray, 1.1, 3)
right_ear = right_ear_cascade.detectMultiScale(gray, 1.1, 3)

for (x,y,w,h) in left_ear:
      cv2.rectangle(img, (x,y), (x+w,y+h), (0,255,0), 3)

for (x,y,w,h) in right_ear:
      cv2.rectangle(img, (x,y), (x+w,y+h), (255,0,0), 3)

cv2.imshow('Ear Detector', img)
cv2.waitKey()
cv2.destroyAllWindows()
```

3. 程序运行

程序的运行结果如图 14-8 所示。

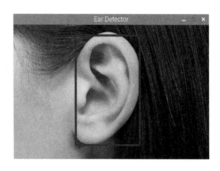

图14-8　检测耳朵

14.9　检测猫脸

在 OpenCV 官方网站的 2.4.13 版本中，找到可做猫脸辨别的训练文档 haarcascade_frontalcatface.xml，将这个练习文档放至 Raspberry Pi 3 的文件夹中，来进行猫脸的辨识。在这个示例中要学习如何以一个特征文件进行多张影像的辨识。

1. 动作要求

（1）加载 Cascade Classifier 猫脸文件。

（2）读取两张影像。

（3）辨识猫脸，若辨识成功，在猫脸四周画出框框。

2. Python 程序：cv26.py

```python
import cv2

# 读取两张影像
frame1 = cv2.imread('images/cat.jpeg')
frame2 = cv2.imread('images/cat2.jpeg')

frames=[frame1,frame2]  # 两张影像存入 List

cnt=1

for frame in frames:
        gray = cv2.cvtColor(frame, cv2.COLOR_BGR2GRAY)  # 转灰阶

        # 取出猫脸辨识文件
    face_cascade = 
        cv2.CascadeClassifier('./cascade_files/haarcascade_
frontalcatface.xml')
        # 进行辨识
        face_rects = face_cascade.detectMultiScale(gray,
scaleFactor=1.3,
            minNeighbors=5,minSize=(75,75))

        # 画矩形框
        for (x,y,w,h) in face_rects:
                cv2.rectangle(frame, (x,y), (x+w,y+h), (255,0,0), 2)

        cv2.imshow('CatFace Detector '+str(cnt), frame)
        cnt = cnt + 1

c = cv2.waitKey(0)
cv2.destroyAllWindows( )
```

3. 运行程序

程序运行结果如图 14-9 所示。

图14-9　检测猫脸

第15章

机器人计算机视觉应用

15.1 简介

前面介绍了 OpenCV 的安装与基本的图像处理，并说明了如何以 OpenCV 来进行影像的人脸辨识。下面要在轮型机器人中加入计算机视觉的应用。轮型机器人的外观图如图 15-1 所示，它配备了一款 USB Webcam。

图15-1 具有计算机视觉的轮型机器人

1. 连接 Webcam

图 15-1 中的轮型机器人，已将 USB Webcam 连接至 Raspberyy Pi 的 USB 口。打开 Raspberry Pi 的终端机，使用【lsusb】命令来查看当前已连接的 USB 设备列表，如图 15-2 所示。

```
pi@raspberrypi:~ $ lsusb
Bus 001 Device 007: ID 18ec:3399 Arkmicro Technologies Inc.
Bus 001 Device 009: ID 046d:c058 Logitech, Inc. M115 Mouse
Bus 001 Device 010: ID 04f2:1125 Chicony Electronics Co., Ltd
Bus 001 Device 003: ID 0424:ec00 Standard Microsystems Corp. SMSC9512/9514 Fast
Ethernet Adapter
Bus 001 Device 002: ID 0424:9514 Standard Microsystems Corp.
Bus 001 Device 001: ID 1d6b:0002 Linux Foundation 2.0 root hub
pi@raspberrypi:~ $
```

图15-2 查看当前已连接的USB设备列表

在图 15-2 中，【Bus 001 Device 007】是轮型机器人的 USB Webcam。若不确定是否已连接，可以先拔开 USB Webcam，运行一次【lsusb】，再插入 USB Webcam，运行一次【lsusb】，看是否新建一个设备，这个新建的设备就是轮型机器人的 USB Webcam。

2. 安装 guvcview

现在可以试试轮型机器人的 USB Webcam 是否可以捕捉影像，下面安装 guvcview 软件来测试，软件安装及运行的指令为：

```
$ sudo apt-get install guvcview
$ sudo guvcview
```

guvcview 软件运行后的画面如图 15-3 所示，若可以正常显示影像，表明轮型机器人的 Webcam 没有问题。另外由图 15-3 中发现，guvcview 软件带有调整相机参数的功能，是一款很不错的软件。

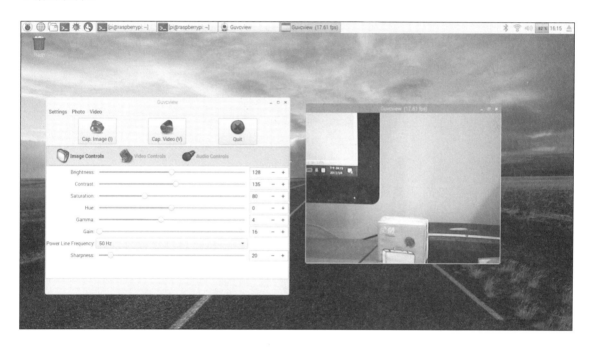

图15-3　运行guvcview软件

15.2　OpenCV 连接 Webcam

OpenCV 除了可以读取、显示静态图片外，也可以加载及播放动态视频，还可以读取自带或外接 Webcam 影像信息。

1. 启动 Webcam

OpenCV 以 VideoCapture 启动 Webcam，语法为：

```
cap = cv2.VideoCapture(n)
```

其中，cap 为 Webcam 变量名称，可以任意取名。n 为整数，第 1 台 Webcam 为 0，若还有其他 Webcam，则依次为 1、2……。

2. 测试 Webcam 是否打开

Webcam 是否处于打开状态，可以使用 isOpened 方法来判断，语法为：

```
cap.isOpened( )
```

若 Webcam 处于打开状态会传回 True，若关闭则会传回 False。

3. 读取 Webcam 影像

Webcam 打开后，可以用 read 方法读取 Webcam 影像，语法为：

```
布尔变量，影像变量 = cap.read( )
```

其中各参数含义如下。

（1）布尔变量：True 表明读取影像成功，False 表明读取影像失败。

（2）影像变量：若读取影像成功，则会将影像存于此变量中。

4. 关闭 Webcam

要关闭 Webcam 并释放资源，可以使用 release 方法，语法为：

```
cap.release( )
```

5. Python 程序：camera01.py

现在来练习如何以 openCV 连接 Webcam，显示 Webcam 影像画面。打开 Python 2(IDLE)，输入下列程序，并以"camera01.py"文件名存档。

```python
import cv2

cap = cv2.VideoCapture(0)  # 打开 Webcam

if not cap.isOpened( ):
    raise IOError("Cannot open webcam")  # Webcam 打开失败

while True:
    ret, frame = cap.read( )  # 获取影像
```

```
    # 调整影像大小
    frame = cv2.resize(frame, None, fx=0.5, fy=0.5,
interpolation=cv2.INTER_AREA)

    cv2.imshow('Input', frame)  # 显示影像

    c = cv2.waitKey(1)
    if c == 27:  # 按【Esc】键离开
        break

cap.release( )
cv2.destroyAllWindows( )
```

6. 程序说明

OpenCV 的 resize( ) 函数，可以进行影像缩小、放大，语法为：

```
frame = cv2.resize(frame, None, fx=0.5, fy=0.5, interpolation=cv2.
INTER_AREA)
```

函数参数说明如下。

（1）frame：输入影像。

（2）fx：水平缩放比率。

（3）fy：垂直缩放比率。

（4）interpolation：内插方式。当缩小影像时，使用 CV_INTER_AREA 会有比较好的效果，当放大影像时，CV_INTER_CUBIC 会有最好的效果，但是计算花费时间较多，CV_INTER_LINEAR 能在影像质量和花费时间上获取不错的平衡。

OpenCV 的 waitKey( ) 函数会等待用户按键，也可以同时获取按键的 ASCII 码，语法为：

```
c = cv2.waitKey(n)
```

其中，变量 c 存储按键的 ASCII 码，这是一个 0~255 的数值，如【Esc】键的 ASCII 码为 27。所以若要确认用户是否按下【Esc】键，语法为：

```
if  c == 27:
```

另外，Python 的 ord 函数可获取字符的 ASCII 码，所以若要以变量 c 与字符的 ASCII 码做比对，以确认使用者是否按了【A】键，也可以使用下列语法。

```
if c == ord("A") :
```

7. 程序运行

打开终端机，运行程序：

```
$python camera01.py
```

运行后的画面如图 15-4 所示。首先，OpenCV 启动 Webcam，接着会显示捕捉到的动态影像，而影像大小则为原来影像大小的一半。

图15-4 以OpenCV连接Webcam

15.3 色彩空间

在图像处理上，对色彩空间的理解，可有效帮助用户处理影像。色彩空间的英文为 Color Space，在色彩学中，人们创建了多种颜色模型，以多维空间坐标来表明某一个色彩，这种坐标系统所定义的色彩范围称为色彩空间。本节简单介绍一下 RGB 及 HSV 色彩空间。

1. RGB

RGB 采用加法混色法，描述各种光通过何种比例来生成颜色。RGB 描述的是红、绿、蓝三色光的数值。但在 OpenCV 中，当使用 imread( ) 函数或 read( ) 函数读取影像时，它存储为 BGR 格式。

2. HSV

HSV 即色相、饱和度、色调，这种系统比 RGB 更接近人对色彩的感知，说明如下。

（1）H(Hue)：色相，色彩的基本属性，就是平常所说的颜色名称，如红色、黄色等。HSV 的色相，将 RGB 以饼图角度进行度量，取值范围为 0 度 ~360 度。如图 15-5 所示，其中，红色为 0 度、绿色为 120 度、蓝色为 240 度。

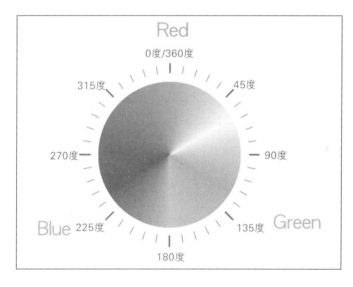

图15-5　HSV的色相

（2）S(Saturation)：饱和度，是指色彩的纯度，越高色彩越纯，低则逐渐变白。HSV 的饱和度可看作是某种颜色与白色混合的结果，若白色成分越低，则饱和度越高。通常取值围为 0%~100% 的数值。

（3）V(Value)：色调，表明颜色明亮的程度，取 0%~100%。值越低，色彩越偏向黑色，值越高，则越偏向原本的色彩。

3. 色彩表

RGB 与 HSV 的色彩表，如表 15-1 所示。

表15-1　RGB与HSV的色彩表

名称	颜色	色光			色料				色相			代码	MS-DOS
		R	G	B	C	M	Y	K	角度（度）	饱和	明度		
红色		255	0	0	0	255	255	0	0	100%	100%	#FF0000	12
黄色		255	255	0	0	0	255	0	60	100%	100%	#FFFF00	14
绿色		0	255	0	255	0	255	0	120	100%	100%	#00FF00	10
青色		0	255	255	255	0	0	0	180	100%	100%	#00FFFF	11
蓝色		0	0	255	255	255	0	0	240	100%	100%	#0000FF	9
品红色		255	0	255	0	255	0	0	300	100%	100%	#FF00FF	13
粟色		128	0	0	0	255	255	127	0	100%	50%	#800000	4
橄榄色		128	128	0	0	0	255	127	60	100%	50%	#808000	6
深绿色		0	128	0	255	0	255	127	120	100%	50%	#008000	2
鸭绿色		0	128	128	255	0	0	127	180	100%	50%	#008080	3
深蓝色		0	0	128	255	255	0	127	240	100%	50%	#000080	1
紫色		128	0	128	0	255	0	127	300	100%	50%	#800080	5
白色		255	255	255	0	0	0	0	0	0%	100%	#FFFFFF	15
银色		192	192	192	0	0	0	63	0	0%	75%	#C0C0C0	7
灰色		128	128	128	0	0	0	127	0	0%	50%	#808080	8
黑色		0	0	0	0	0	0	255	0	0%	0%	#000000	0

4. BGR 转 HSV

OpenCV 的 cvtColor( ) 让影像在不同色彩空间中转换。例如：

```
hue_image=cv2.cvtColor(frame,cv2.COLOR_BGR2HSV)
```

表明将 frame 影像从 BGR 转为 HSV。不过要注意的是，在 U8(8 位) 中，最大值只有 255，因此 OpenCV 又做了如下的调整。

（1）H：原本是 0 度 ~360 度，OpenCV 调整为 0 度 ~180 度。

（2）S：原本是 0%~100%，OpenCV 调整为 0 度 ~255 度。

（3）V：原本是 0%~100%，OpenCV 调整为 0 度 ~255 度。

所以当从色彩表中选取 HSV 色彩范围时，记得要进行 HSV 值的调整。

15.4 OpenCV 检测球的颜色

本节要练习编写 Python 程序，以 OpenCV 函数库来检测颜色物体。

1. 程序流程

（1）打开 Webcam，影像大小为 320 像素 ×240 像素。

（2）设置要检测的物体颜色为蓝色。

（3）将影像二值化，物体蓝色部分为白色，其他颜色部分为黑色。

2. 程序：camera02.py

```python
import numpy as np
import cv2

cap=cv2.VideoCapture(0)
cap.set(3,320)
cap.set(4,240)

# 蓝色HSV范围
low_range=np.array([90,100,100])
high_range=np.array([120,255,255])

while(cap.isOpened()):
    ret, frame=cap.read()  # 获取影像
    hue_image=cv2.cvtColor(frame,cv2.COLOR_BGR2HSV)  # 转为HSV
    threshold_img=cv2.inRange(hue_image,low_range,high_range)  # 二
值化

    cv2.imshow('Video',frame)
    cv2.imshow('frame',threshold_img)

    if cv2.waitKey(1) & 0xFF == ord('q'):  # 按【q】键离开
        break

cap.release()
cv2.destroyAllWindows()
```

3. 程序说明

程序首先将获取的影像转成 HSV 色彩空间。

```
hue_image=cv2.cvtColor(frame,cv2.COLOR_BGR2HSV)
```

接着检查影像的 HSV 色彩空间，是否落在蓝色 HSV 色彩空间中，若不是呈现黑色，若是则呈现白色。

```
threshold_img=cv2.inRange(hue_image, low_range, high_range)
```

4. 运行程序

运行程序的指令为：

```
$ sudo python ./camera02.py
```

运行结果如图 15-6 所示。

图15-6　OpenCV检测蓝色物体

程序在运行后会打开两个新窗口，首先移动各个窗口，让二值化后的影像与原始影像错开。接着，将欲检测的球放至影像框中，即可看到辨识结果。

15.5 OpenCV 显示球的位置

本节练习编写 Python 程序，可以获取蓝色物体的坐标位置，并在蓝色物体的四周画上框框。

1. 程序流程

（1）打开 Webcam，影像大小为 320 像素 × 240 像素。

（2）设置要检测的物体颜色为蓝色。

（3）将影像二值化，物体蓝色部分为白色，其他颜色部分为黑色。

（4）将检测到的蓝色物体画上圆形外框，并显示圆心位置及圆的半径。

（5）将检测到的蓝色物体再画上长方形外框。

2. 程序：camera03.py

打开 Python 2(IDLE)，输入下列程序，并以 "camera03.py" 文件名存档。

```python
import numpy as np
import cv2

cap=cv2.VideoCapture(0)  # 打开 Webcam
cap.set(3,320)
cap.set(4,240)

# 蓝色的 HSV 范围
low_range=np.array([90,100,100])
high_range=np.array([120,255,255])

while(cap.isOpened( )):
    ret, frame=cap.read( )  # 获取影像
    hue_image=cv2.cvtColor(frame,cv2.COLOR_BGR2HSV)  # 转为 HSV
    threshold_img=cv2.inRange(hue_image,low_range,high_range)  # 二值
化

    contour=[]

    # 找出蓝色区域的轮廓
    contour,hierarchy= \
    cv2.findContours(threshold_img,cv2.RETR_TREE,cv2.CHAIN_APPROX_
SIMPLE)

    for index in range(len(contour)):
```

```
        center=contour[index]
        moment=cv2.moments(center)   # 找出质心

        (x,y),radius=cv2.minEnclosingCircle(center)   # 包覆轮廓的最小圆
形
        center=(int(x),int(y))
        radius=int(radius)

        if radius > 40:
            print(str(center) + "," + str(radius))
            img=cv2.circle(frame,center,radius,(0,0,255),2)   # 画出圆圈

        rect=cv2.boundingRect(contour[index])   # 包覆轮廓的最小矩形
        size=(rect[2]*rect[3])   # 矩形大小

        if size > 2000:
            print("size="+str(size))
            pt1=(rect[0],rect[1])
            pt2=(rect[0]+rect[2],rect[1]+rect[3])
            cv2.rectangle(frame,pt1,pt2,(0,0,255),2)   # 画出矩形

    cv2.imshow('Video',frame)
    #cv2.imshow('frame',threshold_img)
    if cv2.waitKey(1) & 0xFF == ord('q'):  # 按【q】键离开
        break
cap.release()
cv2.destroyAllWindows()
```

3. 程序说明

当做物体辨识时，通过轮廓可得到特定物体的信息，并协助做判断，OpenCV 的 findContours( ) 函数可找到影像的轮廓。

```
contour,hierarchy= \
    cv2.findContours(threshold_img,cv2.RETR_TREE,cv2.CHAIN_APPROX_
SIMPLE)
```

函数参数说明如下。

（1）threshold_img：二值化后影像。

（2）cv2.RETR_TREE：获取所有轮廓，以全阶层的方式存储。

（3）cv2.CHAIN_APPROX_SIMPLE：对水平、垂直、对角线留下头尾点，所以假如轮廓

为一矩形，只存储对角的 4 个顶点。

找出物体轮廓后，可以根据这个轮廓找出这个物体的一些特征，这边用 OpenCV 的 moments( ) 函数找出轮廓的质心。

```
moment=cv2.moments(center)
```

当得到物体轮廓后，可用 minEnclosingCircle( ) 得到包覆此轮廓的最小圆形。

```
(x,y),radius=cv2.minEnclosingCircle(center)
```

此函数会返回包覆轮廓的圆形坐标及半径。当得到物体轮廓后，也可用 boundingRect( ) 得到包覆此轮廓的最小矩形。

```
rect=cv2.boundingRect(contour[index])
```

4. 运行程序

打开终端机，运行 Python 程序，格式为：

```
$ python camera03.py
```

程序运行结果如图 15-7 所示。

图15-7 OpenCV辨识蓝色球及显示球的位置

在图 15-7 中，当 OpenCV 辨识出蓝色球后，会在蓝色球四周画上圆形及矩形外框，并会在终端机显示球的圆心坐标及半径。若将球改成长方形的标签，也可以顺利辨识出来，如图 15-8 所示。

图15-8　OpenCV辨识蓝色卷标及显示卷标的位置

在图 15-8 中，当 OpenCV 辨识出蓝色标签后，会画出圆圈及长方形外框，并会在终端机中显示卷标的中心坐标及半径。

15.6　OpenCV 动态人脸辨识

本节练习编写 Python 程序，让 OpenCV 可以动态辨识出人脸，并在人脸的四周画上框框。

1. 程序流程

（1）装载 CascadeClassifier 人脸文件。

（2）打开 Webcam。

（3）获取一张影像，缩小 1/2，转为灰阶，判断是否为人脸，若是，将检测到的人脸四周画上长方形外框后，显示处理后的影像。

（4）重复上面步骤，直到按【Esc】键，离开程序。

2. 程序: camera04.py

打开 Python 2(IDLE)，输入下列程序代码，并以 "camera04.py" 文件名存档。

```python
import cv2
import numpy as np

# 装载人脸辨识档
face_cascade = cv2.CascadeClassifier('./cascade_files/haarcascade_
frontalface_alt.xml')


cap = cv2.VideoCapture(0)  # 打开 Webcam
scaling_factor = 0.5

while True:
    ret, frame = cap.read( )  # 获取一张影像
    frame = cv2.resize(frame, None, fx=scaling_factor, fy=scaling_
factor, interpolation=cv2.INTER_AREA)  # 缩小
    gray = cv2.cvtColor(frame, cv2.COLOR_BGR2GRAY)  # 转为灰阶

    face_rects = face_cascade.detectMultiScale(gray, 1.3, 5)  # 人脸辨识

    # 将辨识到的人脸画框
    for (x,y,w,h) in face_rects:
        cv2.rectangle(frame, (x,y), (x+w,y+h), (0,255,0), 3)

    cv2.imshow('Face Detector', frame)  # 显示结果影像

    c = cv2.waitKey(1)
    if c == 27:  # 按【Esc】键离开
        break

cap.release( )
cv2.destroyAllWindows( )
```

3. 运行程序

打开终端机，运行 Python 程序，格式为：

```
$ python camera04.py
```

程序的运行结果如图 15-9 所示，会动态检测人脸，若辨识出人脸，会在人脸的四周画出绿色的外框。

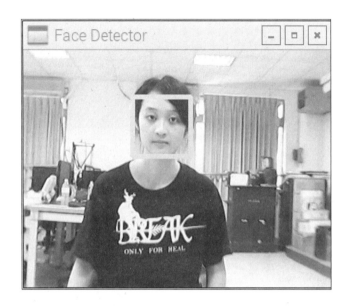

图15-9　OpenCV动态辨识人脸